最高領導力

讓員工把最好的自己帶入工作中

GOOD AUTHORITY

How to Become the Leader Your Team Is Waiting For

JONATHAN RAYMOND

強納森・雷蒙德——著 倪志昇——譯

一生擁有的特權，是成為真正的自己

——精神分析專家

卡爾．古斯塔夫．榮格（C.G. Jung）

目錄
CONTENT

第二部分／問責而不指責

第三部分／當尤達，不當超人

最高領導力宣言

優秀的領導權威是……

1. 現身指出大部分人忽略的事。
2. 即時並坦率地表達意見，而非拖延至明日。
3. 耐心地面對每個人，不論他們身在什麼階段。
4. 大方地挑戰他們，讓他們多少能往前進一些。
5. 堅毅地拒絕任何未盡己任的藉口。
6. 不知解答，也要有提問的好奇心。

7. 有智慧抗拒顯而易見的答案，且堅持得到正解。

8. 願意採取不受歡迎的立場，只要有助於個人成長。

9. 開誠布公地和你的團隊成員分享你的想法。

10. 培養等待的力量，讓他人自己發掘自己的真理。

11. 自己做不到的標準，也不要求他人做到。

12. 即便你認為無法改變現狀，還是願意分享己見。

13. 大膽假設你能夠改變這個世界。

14. 並且，謙遜地坦承所有錯誤，明天重新來過。

自序

我與火山的對決

「家」是身之所在。但我想我已經身在那裡了。

——美國新浪潮樂團 傳聲頭像（Talking Heads）

這天看似是個爬上火山的好日子，但在我們吞下最後幾口午餐後就風雲變色了。過去幾個小時裡，我們走過的泥土小路突然變成一條滾滾泥流。我們其實可以等到風雨過後再返回小屋，或許也應該這麼做。但我們當時才二十八歲，所以一路跑了回去。

許多美好的經驗都有個很糟糕的開始，這正是其中之一，糟糕的原因在於你一直試著克服它，美好則出現在你終於放手的那一刻。短短幾分鐘內重複摔得狗吃屎後，我終於抓到在泥濘上行走的訣竅，如果我抬起步伐時施力得當，就能走在泥流的表面，彷彿水上漂，但若抬腿力道過猛，我的鞋子會立刻被這黏得驚人的泥濘給吸進去，我的同伴也發現了，卻束手無策。隨著身體上的屈服逐漸轉成心理上的，我開始進入神遊，就像在這節奏單調的動作中得到釋放，接著感覺到我真正承受的痛苦。

這個痛苦並不在腿上，而是在我的生活上。當時一九九九年，我從法律學院畢業一年，也是第一年真正開始我的第一個「職涯」——在曼哈頓一間頗具規模、富有聲名的律師事務所當奴役，沉浸在豐厚的薪資和高報酬的挑戰裡。我將第一份薪資單傳真給我的祖母，幾分鐘後她回電告訴我這一定是文書上出了錯，她要我保持沉默，並且希望他們不會發現這個錯誤。

我喜愛協商、公司結構上的鬥智、複雜的財務，以及從這場金權遊戲的菁英人士身上得到的學習機會，但要付出的代價也非常高，我身邊的每個人都很悲慘，每間主管辦公室都住著令人無法忍受的暴君。然而，如同每個我待過的公司，這間公司大部分都是和善且投入工作的人，他們試著在艱困的情況之下盡最大的努力。

問題在於這一切之中的不人道：對領導階層不切實際的期盼、本可成為朋友的一群人被迫彼此競爭搶資源，以及爭權奪利和下意識行為，讓人感到自己並不重要、沒有權利發聲，而且唯一的生存辦法就是埋首忍受。這是一個有獲利的企業，也是一個慘絕人寰的地方。

這間律師事務所在某方面是極端的工作場所。不過，如我接下來的幾十年裡學到的，只要是對人們至關重要的事，這些不人道的事遠比想像的還要常發生。

然而，在我一路滑下火山的當下，並沒有足夠的人生歷練得知這個現實慘況。我的經驗非常單純：當時我單身、壓力大又憂鬱，對精神生活毫無控制可言——我家的聖經甚至是《紐約時報》（*New York Times*）——我很確定我的靈魂在流浪。不知何故，就在這個時刻，我意識到繼續走現在的路已不再是個選項了，我必須離開。當時我還夠年輕，不須太過擔心這麼做的後果。我們走到半路的時候，我脫口說出了。

「我受夠了！」我在暴風雨中仰頭對天咆嘯，這是屬於我的「蕭克山時刻（Shawnshank moment）[1]」。我接著說出一些自我激勵的話。「我無法再浪費

---

1 出自電影《刺激一九九五》（*The Shawnshank Redemption*），形容一個人意識到當下的努力不會在一時半刻就有成果，而且在可預見的未來仍需要繼續勞心費神。

時間假裝這一切都很好，每個和我一起工作的人都很悲慘，而且沒有任何人為這個狀況做些什麼。一定有其他更好的方式，星期一我要去道格的辦公室，告訴他兩週後我就要離職了。」

到了星期一早晨，我回到工作崗位上，是時候測試一下我新發現的決心。辭職總要向老闆報告，他是我部門的資深合夥人，同時也是「紐約百大律師」之一（沒錯，還有這麼一回事）。他是個嬌小的男性，卻嚇人得很，像拿破崙令人驚愕又殘暴，我不會稱他為優秀的領導權威。

我經過他的辦公室三、四次，試圖鼓起勇氣，他的秘書看著我，搞不懂到底發生了什麼事。最後，我敲了敲已經打開的門，「進來吧。」他說，友善的語氣令我相當驚訝。他問道：「我能為你做什麼嗎？」

「我決定離開事務所。」

說出這幾個字後，我們的地位突然間變平等了，只是房間裡的兩個人，我也不再感到害怕。

「我不快樂，雖然還不知道這輩子該做什麼，但顯然不是這個。」

「我們還能夠做什麼來改變你的心意嗎？」他好奇地問著，我未曾看過他這樣。

「沒有，真的沒有。我很感謝你這麼問，但是時候讓我離開了。」

「你知道接下來要做什麼嗎？」此刻我能察覺到，他一半的心思已經轉移到他工作清單上的下一個任務。

「我要去佛蒙特進行一週的冥想靈修。」

他在椅子上移動了一下，這個答案令他感到不自在。他說了一些糟糕的笑話來緩和氣氛，我禮貌性地回笑，接著走出辦公室。不可思議的是，這些我們視為偶像的權威人士，在我們不再吹捧的瞬間，形象就立刻崩解了。這個寶貴的經驗並不是最後一次。

我報名了八天的沈默生活，完全出於自願。在我開上九十一號州際公路展開四小時北上佛蒙特的旅程時，我思考著那個決定背後的智慧。「強納森，你在想什麼啊？」我用各種不同的立場喃喃自語，「回家吧！你不用這麼做。」但我還是設法待在車子裡。在靈修的煎熬與折磨之中——八天的日子裡什麼都沒有，只有我自己腦中的想法——某些事情發生了，但不是頓悟。

然而，那是個很深刻的經驗，一種發現自我的經驗，不是我想成為的人，也不是我認為我應該成為的人，誰都不是，只是我自己，骨與肉，以及來去的思想和情感。那很美妙，比任何毒品還要美妙——我還不只試過一種。當下我就做了一個決定，二十八歲這個年紀能做的任何長遠決定也不過如此，特別又是條無業單身狗：我準備搭上那班自我發掘的列車，看它能載我去多遠。

接下來超過十年，我就只做這件事。我接了些工作和案子維持生計，但內心還是在找尋自我，參加的靈修次數越來越多，時間也越來越長，還到偏遠的高山去找尋有智慧的導師。我甚至搬到舊金山，對一個在紐約郊區長大的猶太孩子而言，舊金山是匯集古怪與前衛事物的聖地。我協助創辦一家再生能源的公司，更一頭栽進替代療法的世界：進修成為一個瑜伽導師、接受體感心理治療（somatic psychotherapy）的訓練，進而動念攻讀心理學碩士。我也和一群朋友一同創立了非營利事業，將冥想和正念教導給少年觀護所裡的孩子們。我還墜入情網，有了人生中第一個穩定交往的對象。

一路走來，我發現一些我真正擅長的事情，並能夠以此為業。儘管如此，我仍無法擺脫一種感覺，那就是我仍然沒有把握，篤定地說我已找到了人生志業，但結果是，我並不需要特別去探尋，因為它自己會來找我。

二〇一一年，我偶然得到一個無法拒絕的機會，接下了創業神話（EMyth）執行長一職，那本知名的同名書籍[2]就是以這家企業指導公司為本所著。當時，公司老闆決定遷址至奧勒岡州的阿什蘭市，那是一座位在波特蘭和我在舊金山居所之間的小城鎮。我發現自己正在為一間金牌指導公司掌舵，並扛下活化公司文化、帶領公司邁進新方向的任務，這種在大城市才能找到的機會，我從來沒想過會出現在這座主要以莎士比亞戲劇節而聞名的小城鎮裡。

頭幾年既刺激又瘋狂。雖然我仍然一邊在追求個人的心靈突破，但是那份領

---

2 Michael E. Gerber於一九八六年所出版的"*The E Myth: Why Most Business Don't Work and What to Do About It*".

導工作實在太令人興奮了，以致我無法放太多心思在其他事物。我有了夢寐以求的平台，向外界展示自我，與經理夥伴和小巧而專注的團隊並肩工作，讓公司徹底脫胎換骨：從文化與品牌到科技與程序，以及一切介於這之間的事。整個團隊深受鼓舞，公司品牌也獲得了重生。我讀過的書的作者們說，他們喜歡我寫的東西和新的想法，公司轉型遇到瓶頸時請來的顧問也對公司的蛻變讚譽有加。

然而，還是有不協調的地方，而且從一開始就存在，只是執行長這個職稱所帶來的獨特視角，讓我忽略了這個不協調。我當時一直用我唯一知道的方法來管理公司，有效率且充滿風險，但是身在小城鎮裡能做的還是非常有限。搬到小城鎮來的人想要擁有的穩定和生活方式，無法跟上我想要的步調以及需要承擔的風險。大家雖真心因我們的努力受到啟發，但我所領導的公司現況和我心中期待的並不一樣。

不過妙就妙在每當你最需要意見時，有些聲音就會出現在你的生活中。我還沒完全意識到這些不協調的時候，在一次會議中聽到兩位知名的企業前瞻人士——來自乳製品大廠石原農場（Stonyfield Farm）[3]的蓋瑞・希斯貝格（Gary Hirshberg）和消費電子週邊品牌 OtterBox 的柯特・李察森（Curt Richardsou）——

分享他們離開執行長一職的故事，說明如此才能騰出空間給公司當下更需要的領導人才。我的下一步變得很明確，但也很令我苦惱：是時候放下親手打造的一切，為其他人騰出一些空間。僅次於遇見我的妻子，卸下執行長的職務並轉成後援者的角色，是我人生中最美好的事。

接下來的兩年，我經歷了兩次非常獨特的新體驗，很少有領導人有過這樣的「好運」。第一件事是我嚐到了自己的苦果，看清在自己一手創造的文化下工作和生活的樣貌：不切實際的企劃步調、我的冒險心態其實不受其他團隊成員的青睞，以及在領導會議上看似明確的提議，執行團隊看來仍是一頭霧水。因此，在我的新事業，這是我們主動協助執行長們了解的問題之一：一個上級交代的想法，對於執行團隊而言可以演變成一百個計畫，讓他們忙到焦頭爛額的程度是執行長們無法想像的。

然而，我的第二個經驗才真的是當頭棒喝。身為執行長，我太高估管理階級對團隊成員的指導品質，其中也包括我自己。我在現在的工作每天都看到這樣的

3 石原農場於一九八三年美國新罕布夏州創立，採用有機農法生產奶類製品。

現象，發生在世界各地、不同公司、各個層級的經理人身上，就連那些我遇過最聰明或最細心的人，也幾乎沒有真的在指導員工。即便這些經理人試著負起個人責任指導員工，也會被公司內部文化影響，傳遞出非常不同的訊息：低調一點、做自己的工作以及別鋒芒畢露。

執行長們非常容易忽略這點。在這個角色的巨大壓力下，他們的視野變得狹隘，全神貫注在報表和目標的細微波動上，對於員工之間或部門之間的互動關係變得不敏感。員工們開始覺得自己不是那麼重要，儘管身為執行長的你並不這麼認為，而且正因為你是掌握員工薪資的人，你幾乎無法得知員工真正想法，除非他們受挫到想要離職，或表現太不如預期而被辭退，才能知道他們誠實的反饋。

談到培養員工，經理人做的通常只是一些輕而易舉的事，我之前也都是這麼做：說一些鼓勵的話、好的建言，更多的是直接介入解決短期的問題，以幫助計畫進行。但是，我的團隊所需要的是完全不同的東西，他們需要被聆聽，需要我依據他們所說的來進行改變，更需要我依據他們沒說的來發現問題，進而定位他們的角色，確保每個人都各司其職。此外，他們也需要我立定明確的責任歸屬，確保每一個人在相同的標準下承擔責任。員工並非沒有能力，也不是心不在焉，他們只是在等待。

我當下做了一個決定，既然能做的都做過了，我準備嘗試更創新的事。我在許多篇部落格貼文、網路研討會和工作坊都談到過這件事，但從來沒有真的完成過，至少不是全心全意地去做。我打算讓團隊成員告訴我，他們需要我做些什麼，而不是由我來告訴他們，我需要他們做些什麼。我要幫助團隊成員達成自我層面的成長，並且相信他們的專業層面也會跟進，我會用盡一切力氣去改善他們的工作經驗，我準備窮盡所能地創造一個良好的工作環境，藉由一次次的談話搞定。

我開始用新的方式和團隊裡的每一個人對談，問一些我以前不敢問的私人問題，不是私人生活相關的問題，而是他們對工作的個人看法。我不去假設自己已經知道或應該知道答案是什麼，也冒險卸下心防和他們分享更多自己在相同問題有過的掙扎。這個新方法有了反饋，團隊成員能夠如我所期望的方式掌握工作，但我過去根本不知道怎麼引導他們這麼做。最令我感到有成就感的是，他們將這些改變轉換到生活中其它層面，有時候我會直接聽到這些改變，或是從他們在茶水間的閒話家常察覺到。而那些我直接聽見的對話，讓我有信心繼續我所做的事。

有一天午後，我回家前在辦公室把一些工作收尾，團隊中的一員在下班前經過我的辦公室。他為我工作一年左右了，聰明能幹，在工作上表現傑出，但就我這些時間對他的了解，我隱約感覺到他出於某些原因在職場有所保留。我的任務就是找出這個原因，看看自己是否能夠幫助他踏進個人成長的下一步。我們在每週的單獨會議都會談論到這個話題，我給他一些小小的任務，督促他每週能多遠離舒適圈一點。我指出他的微觀行為[4]（第五章有更多的討論），例如出現在會議中的方式，或如何與團隊成員協商計畫的變動等，任何我觀察到與這個話題相關的事物。我也會責問他為何退回到太容易接受他人意見的老模式，而不是在他發現更好方法時，說出自己的想法並去冒險創新。

「你現在有空嗎？」他說。

「當然有，進來吧。」

「我不知道該怎麼開口，我想向你道謝。」（他並不是一個容易談論自己的人。）「我知道你很忙碌，而且手上有許多事要做，但我永遠不會忘記過去幾個月來你教導的事，那是十分美好的自我發掘，之前我錯過了卻不自知。此外，這也讓我的家庭生活變得很不一樣。」

「真的嗎？」我回應道，「很高興聽你這麼說，我不想讓你為難，但如果你願意的話，我很想聽你在這件事情上多分享一些。」

「嗯，我的兩個兒子現在看我眼神不一樣了。我不知道該怎麼形容，但我可以從他們的眼神中察覺，他們更在意我了。你懂我的意思嗎？」

他下了苦心做到真正改變，接受我這段時間給他的意見，打破原有的處事模式，他不再因過度擔心觸怒他人，損害了自己的創造力和企業家精神。

每場對話都因人而異，有時候只是個新體驗，像是有個願意傾聽、在乎且真心想要幫助員工的老闆。

我持續地努力，隨著時間流逝，我原諒自己過去在領導方面所犯下的錯誤。我盡我所能地幫助每一個人，並在這場角力中堅守底線，讓他們決定是否要為自己做出改變。我也認知到，經理人都能培養每位團隊成員取得自我成長，只要針

4 組織行為學（organizational behaviors）分為三大層級，第一種微觀層級（micro-level）為組織內的個人行為，第二種中間層級（meso-level）為組織內的工作小組，第三種巨觀層級（macro-level）則是組織本身的行為。

對他們如何看待自己的工作，給予明確、仔細的意見，並且讓他們選擇是否依據這些意見做出改變，這就是**優秀領導威權**。

我從自己的方法發現越多缺失，就越清楚看見我所身處的職訓與顧問產業中的落差。每個人都在談論問責的觀念，但卻沒有人對此概念出做明確的定義，而且更重要的是，將問責概念落實為一套技巧，讓大家能夠學習並加以運用。之所以沒人教導這個概念，是在於它無法被有條理地歸納整理，它相當混雜又因人而異，更攸關我們如何看待自己、我們和他人來往時的自己，以及這兩者之間的落差如何經過曲折漫長的人生道路接合。而我在幾年前離開紐約的律師事務所時，步上了這條曲折漫長的人生道路，是這個頓悟帶我看見了這條路的盡頭，才終於接合了私底下的我和專業上的我之間的落差，而這落差一開始就不應該存在。

但這時候，心中的聲音再度開始騷動，提醒我是時候繼續前行了。我看見了蘊藏在這些時刻的潛力，我們在個人與專業成長之間劃定的界線——這麼多年來我一直堅守著——非常可能不只是人為的，更阻礙了我們創造自己真的想要的文化。是時候承擔起風險，為這些想法創造一個平台，看看會發生什麼事。整合個人與專業上的成長已然成為我一生的志業。這是我們在網站 Refound.com 上所教導的，也是本書接下來所要討論的。

離開我的團隊是個很困難的決定，但在二〇一五年春天，我仍然決定是時候該自己出去闖了。我曾懷疑自己是否能只靠這一件事情就拚出一番事業：我是否能創造新的顧問形式、一間指導公司之類的，教導別人為自己運用這些想法。起步的時候，我們擁有一小群充滿好奇心且熱情的客戶，就這樣開啟了新事業。

我寫這本書和你們分享的這些想法，不論是哲學上的論述架構或是策略上的技巧，我們的客戶都成功運用在工作上並做出改變。他們和你一樣是團隊領導人、資深經理人以及公司高層，也包含顧問和職業訓練師等。接著，你能從本書的一些故事和對話中認識這些人物，幫助你了解自己有多少力量可以改變工作環境，不論你身居公司哪個階層的職位。

這不是一本規則說明書，也不是個線性發展的過程，本書提供一個新的管理理論以及一套經得起檢驗的技巧，能不能發揮功效就留給你來的判定了。

本書提供的領導和團隊經營方式，可以運用到任何產業，不論你領導的團隊規模大或小都適用。如果可以的話，花點時間從頭開始慢慢閱讀，不按篇章順序閱讀也無妨，因為我們終將在途中相遇。

前言

最高領導力

我們最會教的就是我們最需要學習的。

——美國作家　李察．巴哈（Richard Bach）

十一歲的我某天跟著媽媽去工作。大學的教室是她上班的地方，她是一所地方大學的心理學教授。冥冥之中似乎有安排，剛好在這天，課堂上討論到男性的行事作風。「到底為什麼？」她對著教室裡滿滿的大學生問：「為什麼男人就算迷路了，也不願去問路呢？」

班上同學都笑了，他們都盡力地回答這個問題，但我認為我有更好的答案，我緊緊抓著水行俠便當盒，鼓起勇氣舉手，直到引起她的注意，她也當然注意到了。「嗯，」我出聲準備回答：「男性不問路的理由就是⋯那個⋯當他們找到路的時候就會變成英雄。」你應該猜得到，到現在我還會因此被開玩笑。

不管這家庭軼事這些年傳到多遠，它的意義都不僅是家庭軼事。當時那個十一歲小男孩的童言童語，如今讓我至少察覺到三件事情。第一，當時我所表達的是對領導權威的信念，這關乎在他人眼中有價值對我的意義為何，三十年過後這也成為我傾注畢生心血的志業。第二，這個現象和性別並不相關，我每天工作遇見的客戶中，有許多女性領導人和女性經理人，她們和男人一樣糾結。第三，我的母親又或是教室裡的每個人顯然都明白，我的回答就是在講我自己。

當我們去思考領導一群人的真諦時，通常抱持的信念是：要具備解決問題與達成目標的能力，我們才會變得有價值，在別人的眼中才有權威及可信度。然而，本書所提出的理論正好與此**相反**。最高層次的領導能力——能為團隊、企業以及周遭世界帶來最多價值的方式——即是養成不給人答案的實力。也就是說，你的工作在於創造他人自己挖掘答案的空間，你則成為他們完成目標的資源。如果你成為關鍵人物，便能發現生活中九十％難解的症狀與糾結，逐漸迎刃而解。

建立最高領導力的意義，在於你能否真正成為團隊的導師，我認為替你的團隊成員解決問題，不僅無法真正解決問題，還可能成為造成這些問題的潛在因素，這正是人們漫不經心、粗心犯錯，或無法按你所希望的方式去對待客戶的原因，也正是如此，每次會議結束時，你都會告訴他們有必要改善溝通方式。

《最高領導力》建立在三個核心原則上，有待我們逐步梳理。你必須銘記在心，當你開始步入這趟旅程時，這三個原則便開始在你的身上發酵，倘若你和我一樣，它們將能成為你的日後成長源泉，幫助你重新衡量對於領導意義和工作目標的老看法，使你能夠刺激人們超越當下的自己。

一、企業最深切的目的，是改變在那裡工作的人的生活。

二、領導人和經理人的角色，是讓人們了解事業與個人的成長密不可分。

三、讓人們投入工作的方式，是更積極地與他們互動。

現在我們來簡單說明一下《最高領導力》無意談論的事。這並不是一本關於如何致富或如何讓你這季業績翻三倍的書，但如果你真的做到了，我會是第一個恭喜你的人。要讓你的公司更人性化有很多方法，例如增進員工福利、提供更彈性的工時，或遠距工作的選擇等等，但這本書也不是前述途徑的替代方案。本書的目的在於召喚人們花更多心思在「過程」上，進入不同的層次：使我們關注工作本身的經驗。本書幫助你了解如何全心全意對待團隊裡的每個成員，挖掘他們的才能，並且幫助他們成長。

繼續談下去前，我們必須再度審視職訓師和企業顧問們經常提醒領導人思考的問題，**正確的問題並非「如何讓員工專注在工作上？」而是「如何更有效地與員工共事？」**

本書是給任何懷抱熱枕試圖改變現況、相信這個世界或自己的世界可以變得更好的人，適合各行各業、不論營利或非營利事業中的領導人和經理人。總而言之，這本書是給有責任要支配他人薪資的人，這是本關於關懷的書，告訴你如何照顧員工的心情、精神與前途。

透過本書，你將獲得許多方法和工具，幫助你和每一位團隊成員建立全新的溝通方式，我鼓勵你運用自己喜歡的工具，相信自己，並且從錯誤中學習。但這畢竟不是魔法，雖然我也希望這些方法讓你覺得像魔法，這些方法不會讓你的團隊在一夕之間變成完美的合作團隊，或許你誤解這些方式的次數會比你理解的次數還要多，然而只要全心投入這趟旅程，在執行的過程中，從信任的人身上得到反饋，並持之以恆，驚奇可能會降臨在你的身上。

簡短敘述一下本書的內容。第一部分〈關注員工的微觀行為〉採取嶄新的視角審視公司文化的問題。我們將處理員工投入程度上最常見的迷思，提出判別長處與弱點的新方式，最後拋出讓大家能一起轉變的新途徑，而非等待由上而下的改變。

在第二部分〈問責而不指責〉中，我們試圖搭建個人成長的變革與當今管理論述之間的橋樑，前者在近半世紀有爆炸性的討論熱度，後者則落入人類動機此陳腐觀念的泥沼之中。我們將提出新的方法，創造一個「問責文化」，幫助人們同時於工作和生活中成長。

第三部分〈當尤達，不當超人〉將焦點轉移至發展指導技巧的特殊工具及策略，包括第十二章「能者、戰士或朋友」談及的新領導型態，以及第十三章「五種員工原型」中，針對如何引導出每個人的優勢所提出的新觀點。

你很快就會意識到本書並不真的是一本商管書，而是一本關於人際關係、如何在工作時發揮最大潛能，以及如何在重要的時刻放慢腳步的指南。這本書更是在討論如何改變世界。現在，就從身邊的人開始吧。

1

第一部分

關注員工的微觀行為

第一章　為什麼我該在意？

你和上次改變心意時一樣年輕。

——美國心理學家　蒂莫西・利里（Timothy Leary）

我喜歡打掃廚房，但如果廚房偶爾能自動清潔的話就太好了。雖然我願意打掃，但對此並不感到熱衷，只是當我花越多時間盯著螢幕看、置身在虛擬世界裡，就越能從真實生活中得到滿足。不過，我的女兒還沒能發現打掃家裡所帶來的樂趣，但說句公道話，她才十一歲而已。

儘管如此，我和妻子正慢慢讓她對家事負責任，但她是個滑頭的學生，拖延技不僅很多，還讓人感到不可思議，例如圓睜著雙眼無辜地說：「我肚子餓了」，或在招數用盡後辯說：「我必須先寫功課，對吧？」如你能預期到的，我們開始解釋為什麼做家事很重要，向她描述我們想給她的觀念，並放出溫和但不婉轉的提醒。我們進一步使出父母逼誘小孩老招數，例如提高或減少零用錢，增加或減少看電視的時間等，然而，不論我們用什麼方法都沒有用，因此我們決定暫時先放下這個問題，心想反正也不是那麼嚴重。我們當然會感到洩氣，只是她是個很棒的孩子，過程中我們也總是歡笑不已，之後這件事發生了。

某個週間的傍晚，我在家裡的書房把工作收尾時，我的妻子探頭進來看了一眼後，鬼鬼祟祟地揮手說：「跟我來。」我們靜靜地走下樓梯，轉進角落中看向廚房，我們的女兒優雅地在廚房裡走來走去，手上拿著海綿、肩上披掛著毛巾，她竟然在打掃……還哼唱著她最喜愛的歌曲，我感動到快哭了。

你不覺得一個人能承擔起自己的工作，是件既樸實又美好的事嗎？「私利」的員工與「私利」的老闆之間的衝突，怎麼頃刻間就消失了呢？更奇怪的是，為什麼這樣的事情鮮少發生在這個世上呢？所以，身為一個討厭鬼，也為了寫完這本關於領導力的書，我必須搞清楚其中的道理。但是，我也知道問我妻子最適合，因為是她教會我恩威並濟的樣貌，原來，這一切都從打掃女兒的房間開始。

或者更好的說法是，這一切都是從我妻子不打掃女兒的房間開始。然後有一天，女兒坐在我們房間角落的沙發上看書時（這裡很乾淨，真是太感謝了），腦中閃過一個念頭，覺得這邊的感覺好多了。「我的房間太凌亂了，有太多東西散落四處，要找到東西實在太困難了，這個角落讓我感到平靜。」我們發現她在廚房的前一個小時，她一直忙著整理自己房間，我可以向你保證，她的房中收集了這世界上最具生態多樣性的各種填充娃娃。她將書桌清理了一番，還把衣服整齊疊放在衣櫃裡。

從心理學的觀點來看，你可以將她的行為視為一種自我照顧，也或許是一種自我領導，又或是自尊的展現，然而，身為她的父母，這是一種純粹的快樂。她知道這是我們希望她能夠去做的，但她找到為自己而做的理由，也確實找到一個最棒的理由：她去整理，因為她喜歡整齊帶給她的感覺。

她雖然不是我們的員工，但我們是她生命中主要的權威人物。我們試過賞罰分明或多元教養都毫無作用，最後有效的是，為她創造「自我承擔」的空間。創造這個空間的其中一個要素，就是別再替她打理她的世界了。你的老闆有沒有給過你一種禮物，這個禮物就是不去介入拯救你，讓你別無選擇地自己搞定問題？另一個要素則是打理好我們自己的世界。你有沒有替這樣的人工作過？這些人確實體現他們的價值，而且不會一被為難就見風轉舵。

不論叨念多少次，我們的話語並不會帶來任何改變。她開始打掃不是因為我們對整潔程度有同樣的願景，或者說我們全家人有個共同目標，希望每個星期洗衣籃裡的襪子要維持在某個數量之內，也不是因為對家務有更多的解釋、更清楚的步驟，或是一直盯著她確認進度。相反地，這個改變源自於她對「落差」的個人經驗：她現處的環境與她理想的環境，兩相比較之下的「落差」所帶給她的痛苦。

這不正是我們砸大錢、花時間，試圖要在職場創造出的結果嗎？為了了解如何激發和創造清晰的願景，我們加入領導力工作坊；我們也送員工去經營管理培訓，就是要他們學習區分優先次序，更善於發揮正增強、正動機和正激發等作用；我們拖員工去參加老套的團隊管理工作坊，營造共同利益的氛圍；我們買了乒乓球桌，還提供午餐服務，試圖讓工作變有趣；我們也嘗試提出正向思考的力量，認為這是創造成功的秘密。

我們如飢似渴地讀了關於領導力和心靈成長的書籍，學到了激發新點子，更重建了希望。我們建立制度、釐清政策，一再改寫價值宣言，試圖挖掘我們的「為什麼」，並鼓勵員工如法炮製。然而，不論我們怎麼做、出發點多良善，或組織領導人多聰明、多有學識，這些問題依舊存在。我們仍然發現自己不知所措，企求得到通往他人地位的神奇之鑰。我們反覆地捫心自問：「我該如何讓人承擔起工作？」也仍沒有答案。

但這並不代表我們一無所獲，賞罰制度（包括新時代運動下衍伸出的類似概念）在一定的程度上還是有效。升遷的利誘、承諾加薪和福利，以及按摩椅或瑜伽課等，或多或少能引發出順從感。我們仍然能達到目標，仍然能讓員工努力工作，但未必能得到最好的工作成果。這些策略無法給予你真正想要的，因為你真正想得到的是一種「感覺」，而且是每一個領導人都渴望得到的：「他們可以的，我能放鬆了。」

為什麼這些策略都不能得到那種「感覺」呢？這些策略有某個共通點，你有發現嗎？

就是他們都以工作需求作為出發點，冷落了個人需求，將其擺在第二。這個傾向、這個超越任何經營理論的世界觀，可溯及到工業革命的核心價值，「公司訂立目標，員工則是一種資源，用來滿足任何機器無法做到的任務，以達成前述的目標」，歐維爾式的用語「人力資源」才會一直沿用到今天。握有權力者及各管理階層的工作，就是要從員工身上榨取他們的需求，這個經營方針的中心概念隱晦卻強大，即便過了兩個世紀仍舊屹立不搖：我們是為老闆工作。

然而時代在改變，人們開始意識到自己有其他選擇。一九七〇年代的小規模商業革命[1]迄今持續快速成長，給越來越多成立較早、規模也較大的企業帶來麻煩，突然間，他們的優秀員工擁有比以往更吸引人、又更實際的工作選擇，雖然這個工作機會風險很高，但當人們感到被佔便宜時，這個風險因素會巧妙地看起來遠低於實際上的風險。

商業界當然注意到了，這些執行長、領導人和經理人，以及他們的顧問和職訓師又不笨，他們意識到必須做改變，企業文化運動因此誕生。就在本書送印時，整個顧問業界打得正火熱，似乎每天都有新公司成立，包括我的公司，試著解決這個一再浮現的老問題：我如何吸引並留下有才能的人？

「該怎麼辦」的想法以各種形式浮現，有些公司較注重直接與間接的津貼和福利等補償層面，有些將重點擺在增加「娛樂元素」，嘗試融入文化活動和增進團結力的練習，較新一代的顧問則鼓勵老闆將個人及精神的價值帶進辦公室，就像我們聽到企業領導人說，他們的經營方針建立在正念省察、意識層面的交流，以及其他形式的個人成長，並且提供機會讓員工在工作時實踐。在此其間有許多很好的發想，許多員工願意嘗試改變以求進步。

然而，這些承諾和文化改變的成效如以往一樣糟糕，甚至有過之而無不及，因為不論出發點有多好，解決辦法不過是粉飾太平，在權威問題上鋪一塊遮羞布。正如以往，解決問題的辦法就是不去解決，這個方法在四十年前、二十年前，甚至五年前都或許有用，但如今已不再見效了。即便是聽起來最縝密、最具精神意義且最富有同情心的賞罰辦法，如今都很容易就被看穿了，千禧世代彷彿生來就有透析能力，現在則每個人都具備這樣的視野。我們必須了解「為什麼」，而答案最好能令人滿意，有選擇的人不再為你的理由和目標工作，也不再是服從你的權威，而是聽從自己的權威工作。這並不代表你是個可惡的人，只是現代世界裡，就算人人都是月光族也會挺身說「不」，他們會說：「我有選擇，我要的不只這些，雖然我還不知道是什麼，但我會一直尋找，直到找到為止。」

1 隨著人權、女權意識抬頭，美國一九七〇年代掀起小規模商業革命，創業精神崛起讓人們從搶破頭進大型企業工作，轉移到規模較小但自由度和多元程度更高的新創公司，甚至自行創業當老闆，這場商業革命至今尚未停止。

那麼，現代領導人對你來說有什麼意義？那代表你必須提供人們無法靠自己得到的東西，一種超越其他人所帶來的好處，而這好處又和工作一點關係都沒有。那就是從團隊成員到職到離職，你所給的工作機會能幫助他們精進自我，彷彿許下承諾，以自己的權威來幫助團隊成員發現他們的權威。

基本上，這如同學習新的語言，一種自我賦予權威的語言。你該如何學習這個語言？又該如何幫助團隊成員靈活運用這個語言？而現在是什麼阻礙著你說這個語言？這些問題確實值得深思。

第二章 借來的權威

當你與權威共處時，你也會變成權威。

——美國歌手 吉姆・莫里森（Jim Morrison）

我們有很好的理由不相信權威，有些人甚至比其他人更不相信。我們都曾被背叛、被誤導，寄來的產品和廣告不一樣，類似情況一再地發生。我們受到了操控，並且被佔便宜了。我們受到傷害過，有時是不知不覺，有時則相反，親身經驗讓你做出合理的結論：問題在於權威。這個解釋很合理，但並非事實，問題並不在於權威，而是在於我們還沒有學會如何發自內心地與權威共處。

優秀的領導權威的反面不是差勁的領導權威，而是借來的領導權威。之所以是「借來的」，是因為這個權威是我們從父母、文化和老師那裡學習而來。作為本書的宗旨，權威也涵蓋了我們從職訓師、企業顧問及精神領袖身上習得的策略和手段，這些人宣稱他們已有答案。然而，儘管窮盡一生去追尋，只有一種權威我們從來沒有試過，那就是自我賦予的權威。

我曾經和一間小型科技公司的老闆麥克共事。當時五十多歲的麥克是典型的仁慈型領導者，他對工作很在行，時常面帶微笑，也關心員工的生活，並深知這個世界沒有什麼必然發生的事。然而，麥克唯一的問題是，在過去十年裡，公司的生意一直停滯不前，不論他用什麼方法，都沒辦法讓員工承擔起工作，也吸引不了年輕世代的領導人才，那些能帶動並提升他的企業的人才。這間公司日復一日的症頭，就是缺乏問責機制。

有一天，在視訊會議中，我和當時輔導的六位老闆聊到麥克的領導權威。我從來不是「耐心等待問題自然被提起」的人，因此過了一、兩分鐘，我就問他：「麥克，談到權威，你最害怕的是什麼？」（總裁先生，我等等還會追問）。麥克沉思了片刻，接著露出一抹會意的微笑，說道：「我不確定這是否是你想問的問題，但是我有個想法。」

「喔！真的嗎……什麼想法？」你可聽見視訊會議上其他六個人的呼吸聲。

「我正在想我的父親，他是個工程師，在公司的地位很高，但也不是老闆。

我小時候聽到的，都是那些公司高層用盡各種方式壓榨員工。」

「你認為這如何影響你現在領導團隊的方式？」

「你問了之後就很顯而易見了……我所做的一切，就是為了不要變成那種領導權威。」

雖然麥克從未打算這麼做，但他想出了個應對辦法。為了不要變成那種領導人，他採納了三種典型領導權威中的其中一種，本書的第十二章「能者、戰士或朋友」中都有談論到這些典型領導權威，他將自己定位在「朋友」的角色。麥克的對策和其他方法一樣，都有嚴重的副作用，你的團隊沒辦法在待你如朋友的同時，又把你當作老闆。

當麥克開始將兩個角色連結在一起時，他就發現麻煩大了。為了成為團隊需要的角色，該強硬的時候還是要強硬，他必須找到因為父親而無法看到的領導方式，他必須變得強硬，但又不像他父親的上司們那樣殘酷，而是界線堅定且明確。換言之，麥克必須放下從父親身上學到的那種領導權威。

諷刺的是，就算麥克想成為他父親厭惡的那種領導權威，他也做不到。他創業前也當了好幾年別人的員工，他為人熱情且富有好奇心，深知為別人工作的處境，還時常太過相信大家都是好人。

接下來的幾個月，麥克接受了這個新挑戰，開始用更加強硬的姿態現身，堅定卻不嚴厲。他不再二十四小時保持電話暢通，也不再回覆該由他底下主管回覆的群組電子郵件，他更以當天發生的事為例子，堅定地告訴團隊中的每一個人實際負起個人責任該有的樣貌。麥克也開始實踐問責機制，而非僅是談論，只要有機會，他就會要求員工在沒有他的監督下進行思考、實踐和調整。

這對麥克來說並不容易，往後的每一週，他都在電話裡向我們報告進展，就像所有真正的改變，他時常前進三步、倒退兩步，但他最終還是克服困難，他的員工也意識到「新的麥克」會留下來。然而，這對員工而言也不是輕而易舉的事，工作變得不那麼舒適了。當你為某人工作一段時間後，你會習慣他們的風格，為了自保，你很快知道激怒他們的理由和讓他們冷靜的方式，你運用長處來彌補他們的弱點。這個團隊必須重新學習如何和「新的麥克」共事，儘管並不完全接受。然而，當我們和員工們交談時（這是策略的一部分，必須同時在執行長和員工們之間進行），員工們對於能夠得到明確的指示，並清楚知道自己的定位，都抱持正面評價。此外，他們還有一種很久沒有的感覺：受到**鼓舞**。員工們變得期待來上班，因為他們感覺到公司能再度出發。在此期間，麥克隻字未提任何理論，也沒有發表任何雄心壯志的演說，他只是不再做害怕過去的男人。

如麥克所發現，當領導風格改變，打亂既有形式的領導權威，團隊成員雖然會有一段時間感到困惑，然而，以我的經驗來說，大部分的人也會看到有利的一面，並將其視為成長的機會，因為你終於減輕了團隊成員長久以來的負擔。除此之外，不論是什麼原因造成的，可能也有部分的人走到了尋求穩定的人生階段，而非個人成長這種巨大的起伏，這些人比較不願意改變。或許你在職涯中已經經歷過許多次，關鍵還是在於牢記一件事：當團隊裡有人發現自己沒有適得其所，並決定離開，這最後對所有人都是有益助的。

麥克開始嘗試改變之前，他所做的正是我們每個人會做的，只是形式不同。這是人性，再自然不過。當我們還是個孩子的時候，會仰賴一些權威人士的故事，這些故事在成長過程中內化，一直到出社會、甚至是位居高位後都一直影響著我們。而擁有最高領導力，即是發掘這些故事、理解這些人達成目標的途徑，並尊重其中蘊含的事實和教導之後，能夠輕輕放下。

這是一趟旅程，它引導我們進入更深沉、且不被過去綁架的新境界，在這裡你能以嶄新的方式傾聽你的團隊成員。如本書第二部分所談論到的，當你釐清自己對領導權威的包袱，你就能自然而然地注意到別人的包袱，你就會開始看見它、聽到它，進而能夠幫助別人發現他們掙扎的原因——其中包含對自己或別人的問責、承擔創意的風險與排除他人的風險、聚焦重要的細節並能以此與他人交互相長——這一切都源自於一個最重要的管理工具：人心。

第三章　員工投入迷思

同樣為人，為什麼你和我相處極不愉快？

——英國電子音樂樂團　流行尖端（Depeche Mode）

良善的立意造就鬆散的團隊，沒有人會故意讓員工過度勞累、壓力爆表或狼狽不堪。嗯，我想有一部份的人或許是如此，但就大部分的人而言，儘管很難以讓人接受，只要你試著去理解，最糟糕的老闆也還是藏著顆好心腸，關心他人生活安康與否。問題在於，他們無意中將一套強大的想法內化了，例如：第一，員工怎麼不按照他們的要求去做；第二，他們手邊有什麼工具可以改變這狀況，我將這組想法稱為「員工投入迷思」。

《富比士》（*Forbes*）雜誌撰稿人凱文・克魯斯（Kevin Kruse）將「員工投入」（employee engagement）定義為員工對公司與其經營目標所抱持的情感投

入。報章雜誌上有許多數據指出「員工投入迷思」帶來的負面影響。根據蓋洛普（Gallup）調查，七成員工不是對工作疏離，就是主動削弱組織的努力成果。是的，你沒有看錯。你或許也在許多的文章、部落格和書籍上看到各種試圖改變這種情況的策略，但卻沒讀到過另一個面向，竟然都沒有人在討論，管理階級的投入情況又如何呢？

換句話說，「員工投入迷思」假設缺乏參與是員工的錯、是員工這端有缺失。在沒有讓員工擔起個人責任的情況下，我們又將責任加諸在這個權力關係中弱勢的一方，不是很奇怪嗎？因此，解決之道在於翻轉這個觀點，為了讓你的員工更加投入工作，必須有一個投入其中的領導人。

這個詭異又顯然徒勞無功的迷思是源自何處呢？你在學校沒有學過，我也從未在任何公司的員工訓練手冊上見過。這是你在人生旅途上無意間得到的信念，在人們摸索職業生涯的意義、動機與嚮往之前，這個信念早已成形。我以「五大員工投入的迷思」來說明這個信念的謬誤，各個都是陳腔爛調：

一、「我找不到合適的人選。」

二、「沒有人和我一樣用心。」

三、「我無法將時間投入在會離職的人身上。」

四、「我不是心理諮商師，沒有辦法協助他們處理個人問題。」

五、「我們需要的不過是更好的制度及更多的溝通。」

這些迷思不僅不是事實，而且只要換個角度，就是改變管理與領導的方式的關鍵，過程中也會改變周遭的人的生活方式。讓我們將這些迷思拋諸腦後，明確且有目的地進行接下來的討論。

迷思一

「我找不到合適的人選」

你隨時都能遇到合適的人選，因為你已經面試並且雇用他們了。你將他們帶進團隊，欣喜地期望他們的個人特質和技能能夠為團隊加分。然而，在他們開始工作之後，事情變得不如預期。為何會如此？他們是如何從令人振奮的新雇員，變成經常讓人失望呢？

儘管並非總是如此，但你必須承認更多的時候，這些人初來乍到時，你沒有投資在他們身上，給予需要的訓練，也沒有針對需要改進的行為提出建言，更沒有舉出一些特定的例子，讓他們了解企業的基因，並藉此讓他們感受到你的用心，以及他們也應該同樣地用心的原因。更重要的是，你沒有隨著年資漸漸增加他們的責任，讓他們知道在什麼時候做出適當的改變。

這不會讓你成為惡劣的人，你也不用以此作為放棄閱讀這本書的藉口，並為曾犯下的過錯懲罰自己，我們不用這麼做。相反地，我請你誠實並確實地看待現況，才能做出改變。拿起這本書，停止你長久以來管理員工的方式，第一步就是保持清醒。

說到自我涉入性高的「主管投入」時，我們都只是B級玩家。我遇過的每個領導人，包含我自己，在這個領域有個很大的盲點，而且是相同的盲點，只是形式不同：我們無法自覺光是「介入」這個行為，就削弱了周遭的人的權力，直到我們了解如何「閃開」，才能夠察覺。

當你認真思考的時候，又會發現Ａ級玩家並不存在。確實有部分的人才能出眾，擁有卓越的技能或專業能力，然而，一體有兩面，你有遇過工作能力好卻沒有相對應的陰暗面的人嗎？我們的首要之務就是認清自己並非Ａ級員工，都有某方面的問題要處理，這些潛藏內心深處的問題，使我們感到能力不足、缺乏自信、焦慮不安等等，除非面對自己的內心世界，坦然面對自我與他人，而不是硬去修正，我們的力量將會永遠誤用在維持領導權威的迷思：他人對我們的評價是基於專業知識和解決問題的能力。

當你開始接受自己屬於Ｂ級玩家時，就不會再覺得員工不夠優秀。你開始了解到，不論技能有多出眾，他們進到你獨特的公司當員工的那一刻，就會變成Ｂ級玩家。他們不了解你的品牌，不了解你在公司的行事風格，也不了解如何與你的團隊相處，更不知道如何和你共事，是你應該捲起袖子，幫助他們自我增進。對大部分的人來說，這能對他們產生極大的助益，但也有些人會因久不見起色而選擇離職，又或者你必須請他們離開。儘管如此，卓越的經營策略和指導的初衷，都是抱持著一顆寬容開放的心。

迷思二

「沒有人和我一樣用心」

也許在你在意的事情上，真的沒有人和你的用心程度相當，但說沒有人能像你一樣用心，這種說法既不真實，更不公平，也沒有幫助。其他人只是用心的事情不同，各自專注在自認重要的事，或是能夠鼓舞激勵他們的事情上。你的工作是把你在乎的事跟他們在乎的事，想辦法讓兩者達到一致，做到雙贏。

所以員工們都在意些什麼？倘若廣義來說，那些事**也是**你所關心的：創作自由、個人意義、投入喜愛的工作，以及賺夠錢養家？

當我們觀察管理階層和受雇員工之間的區隔時，很容易將處於對立面的人視作徹底不同的人。其實並沒有不同，只是身處不同階段，或許願意嘗試的風險大小不同罷了。不論理由是什麼，既然員工決定將個人意義探尋投射在你的身上，你的責任即是發掘他們在乎的事物和程度，尤其是你不在乎的事物或方式，這才我們所談的雙贏局面。

迷思三

「我無法將時間投入在會離職的人身上。」

想想此刻團隊中的頭痛人物，再仔細想一想，你已經在他們的身上花了多少時間，接著算算共有多少次，你幫他們解決了工作不到位的問題，東提醒一點，西叮嚀一些，最後請記得加上你與另一半的深夜對話，還有你和同事的抱怨大會，以及多少次因為這些人老是犯同樣的錯，讓你大半夜煩得睡不著覺。過去一個月裡，你又多耗費了幾個鐘頭在他們的身上？五個？十個？還是多到數不清了？那麼去年一整年呢？現在加上這些時間的價值，這些時間你原本可以完成多少待辦事項了。如果把這些時間加總，你或許會意識到你已經在這個人身上耗掉了一百個小時。如果你再細看在這段期間內所做的事，又會發現都不是指導和培訓，而是監督。天阿！這兩個字應該要讓你不寒而慄！小孩才需要被監督，才能避免他們把手指插進插座裡，對大人而言，這並不是塑造公司文化的好模型。

如果接下來的一百個鐘頭不用來監督員工，而是用十個小時和團隊成員直接對話，談談到底哪個環節出錯了，你的標準在哪裡、為什麼他們應該多留意，還有你會如何幫助他們成長，會怎麼要求他們在成長的過程中對自己負責，感覺有沒有好多了？

換個方式思考，你不在他們身上投入心力，他們離開或留下來拖累其他人，不也是剛好嗎？想想將心力投資在培訓員工時，可能帶來的所有好事，思考一下這對他們作為一個人類有什麼意義？同樣身為人類，幫助他人克服困難對你又有什麼意義？想想對其他團隊成員而言，你願意冒這種風險所傳遞的訊息是什麼；再想想看組織中職位低於頭痛人物的員工們，他們也會隨著成長而受益，儘管那個人之後還是離開了。投資員工所帶來的潛在助益無窮無盡，但最重要的好處仍舊是：做這件事情是正確的。

迷思四

「我不是心理諮商師，沒有辦法協助處理個人問題。」

你做過多少努力才成為一個更優秀的領導者、經理人或全方位人才？你諮詢過多少位顧問和職訓師，讀過幾本心靈成長的書籍與播客節目（podcast），或者參與過幾場週末工作坊？你又曾嘗試將多少個他們提供的想法帶進公司文化裡？如果你正在讀這本書，代表你早就意識到「你是誰」和「你如何跟工作相處」都與公司經營密不可分，並且明白個人成長不僅對自己有益，你周遭的人也同樣受益，同樣的道理用在公司的每一個人身上，怎麼會說不通呢？

儘管你準備好承認員工的個人成長與公司經營有關，也對公司有益，還是必須解決這個難題：你該如何開啟這個話題？又如何在沒有逾越經理人和員工之間的專業界線的前提下，進行較私人的談話？

本書之後的章節回答了這些問題，提供許多談論工作表現的的小方法，且穿插個人成長的會面臨挑戰。很困難不代表不可能，它只代表很困難，我希望你能在本書的後續內容中發現，你或許只是把問題想得比實際上更難。

迷思五

「我們需要的不過是更好的制度及更多的溝通。」

制度、程序、行動計畫和步驟都是很美好的事物，對建立公司最低限度的秩序和可預測性相當必要。然而捫心自問：此刻你有多少制度？過去幾年間，你在多少紙本及電子檔案寫下願景計畫？其中包含了願景檔案、品牌定位、行銷策略和價值展現。老實說，這其中是否有任何一樣，能讓員工真正承擔起工作的嗎？

人的問題無法仰賴制度去解決，制度就只能解決制度的問題！關鍵在於明白其中的差異。運動員腿骨折時，你會替他打石膏，重建骨架和維持穩固性，但若是要支持他們受挫的情緒，並幫助他們重回運動場的話呢？那麼你需要的是全然不同的療法。

我們來建立一套新的假設，這不是前述迷思的相反面，更何況那些迷思應該要被我們拋諸腦後了。我們要做的是「再框架」，這「再框架」讓我們能夠以誠實與細膩的心態開啟「成長對話」。

▼「我找不到合適的人選」→「如果不去挑戰他們，我永遠無法得知我的A級玩家是誰」。

▼「沒人和我一樣用心」→「我還沒搞清楚他們怎麼用心，才能和我用心的方式相輔相成」。

▼「我無法將時間投入在會離職的人身上」→「我沒有時間去做投資員工之外的事」。

▼「我不是心理諮商師，沒有辦法協助處理個人問題」→「我不是心理諮商師，但我專業上比這個人快兩步，跟他分享我的所見所學能幫助他成長」。

▼「我們需要的不過是更好的制度與更多的溝通」→「我們不需要更多溝通，我們需要不同的溝通方式」。

想像一下，你準備開始實踐這些假設，你第一個想找誰談呢？

第四章　從具備優勢到成長

大部分的人終其一生利用優勢掩蓋弱點，倘若你向弱點屈服，邁向卓越的道路就會在你的面前展開。

——以色列物理學家　摩謝・費登奎斯（Moshe Feldenkrais）

雪洛兒的專長是社群媒體，這項技能對於現代的行銷團隊而言是相當有價值的。她很擅長提出新的發想和找出工作成果中的規律，所以我們可以藉此調整策略。然而，雪洛兒不是一個好的團隊成員，她會一直推延工作時程，或到最後一刻才擴大計畫規模，還會主導會議上的意見交流，讓其他人發言受限。雖然她不是個壞人，團隊普遍也都尊敬她且尋求她的指導，但總忍不住發幾聲牢騷。大家試著暗示雪洛兒，他們感到被迫同意她的意見，她卻沒有把這些暗示聽進去。

我也沒有聽進去，團隊成員會有一些不經意的抱怨，但都不是公然嗆聲，大多是抱怨要幫雪洛兒收爛攤子，認為她增加了大家的工作量。這問題當時看來不是那麼嚴重，當然我現在知道了這確實是個很大的問題，但我當時沒有聽進去。如果有的話，我勢必會採取一些作為，我甚至還記得當時想說：「我到底能做什麼？我又不是她的心理諮商師，我是她的老闆。如果她不高興離職了，誰能來收拾這爛攤子？無論如何，先看看事情會怎麼發展，如果再發生一次的話，我會跟她說。」你能嗅到一些「員工投入迷思」作祟的味道嗎？這些全都算是？

約莫那時起，我不時想到人生中的類似問題，才發覺就「盲點」這件事，我和雪洛兒的相似程度不只是一點而已。我雖然大她十歲，各自的背景也全然不同，但只要在重要的事情上，特別是我們和工作的關係，我們算是同一類的人。只要我繼續心存僥倖地忽略自己的盲點，就無法幫助她處理她的盲點，但我當時真的沒辦法看見這個問題，難怪盲點會叫做「盲」點。

那時正好有個可以改變這個情況的機會，團隊私下發牢騷升溫成兩次一模一樣的衝突，而且只間隔沒幾天。雪洛兒兩次更動計畫的規模都沒有和其他成員協調好，兩次他們都必須多花兩天，重做一些早先完成的事項。團隊成員怨聲四起，她的行為開始讓其他人難以忍受，工作也變得更加困難，大家連綿不絕地湧進我的辦公室報告這個情況。

在這裡我們先稍稍離題一下。搞清楚員工的性格是一件很重要的事情，這不需要什麼複雜的診斷工具，只要四處觀察，看看自己了解他們多少。誰和你很相似？誰的行事風格與你相反？你或許會很訝異，你能很輕易地將所有團隊成員區分為這兩類型。作為一個領導人，不論是否有意識到自己正這麼做，你都會傾向把這兩種類型的人拉進團隊：跟你相似的人，因為你很容易和這些人拉近關係，以及跟你完全相反的人，因為他們能填補你的缺失。

我相信你已經猜到，這本書會強烈建議不要輕信這個途徑，也就是經由其他人來彌補你的弱點，但不是因為你認為的理由，這個途徑也不是沒有幫助，更不是說應該把心思擺在弱點上。真正的原因在於，如果只有線性考慮到一個人的長處與弱點，就把問題想得太過容易了。有時候我們最大的優點也是最大的缺點。事實上，在我的經驗中，最具實力的人正是與他們的弱點和平共處的人，而這點也是本書第三部分的主題。

對雪洛兒的團隊成員來說，長處與弱點的交互作用造成了一些問題，對我來說更是如此。整個團隊只有一個人沒有被影響到，那就是雪洛兒本人。作為她的上司，這是我愧對她的地方，我沒能幫她建立起長處與弱點的連結。我太想要藉由她的長才獲益，以致不願正視她因不知如何與同事合作所產生的影響，而這些影響都以同樣的方式現形：也就是把周遭的人都搞瘋的微觀行為。

微觀行為包含失禮的溝通、時間管理疏失、預算超支等，這些都是各大職場導師追求的無形財富。為什麼微觀行為那麼有價值呢？並不是為它們是羞辱或懲罰人們的機會，而是因為它們是談論重要事務的窗口，它們的作用就像是具體的切入點，因為我們無法否認它們的存在。借用行銷用語來談，你可以透過社會認同的心理現象來證明微觀行為的存在。雪洛兒和我的對話是如此展開的：

「雪洛兒，」某天午後我問起：「今天開會妳有察覺到任何異狀嗎？」

「沒有，我沒有感覺到。但這項新活動確實讓我感到非常興奮，那很棒，對吧？」

「是很棒，我很好奇大家的反應如何。但我想針對今天早上的員工會議多聊一會兒。」（就是因為這個會議，大家湧進我的辦公室裡。）「妳覺得那個會議順利嗎？當我們談到計畫時程的安排時，妳有注意到任何緊張的氛圍嗎？」

片刻遲疑後，我看見血色漸漸回到她的臉上，她意識到自己沒有惹麻煩，而我也是真心想要幫助她。她很機警，沒多久就理清頭緒，坦然地承認所發生的事情，雖然我必須在談話過程中施加點壓力，但現在我們可以開始處理這個問題了。此刻我們討論的是同一件事，同一個事實，只要我們面對的是同一個實際情況，不論變得多緊繃，都有可能解決兩個人之間的分歧，這包括真正尊重彼此的差異，或者達成分道揚鑣的共識。

接下來的幾個月裡，我們踏上了主管／員工的互動旅程，你會在這本書中學到各式各樣的互動方式。這樣的互動並不是完全線性的，但我還是在一開始就確保有足夠的時間定義問題所在。我出了一個作業，要求雪洛兒將有問題的行為與影響寫下來，這些都是問題的內容，接著我們談論問題的脈絡，背後究竟是什麼導致問題的產生。她告訴我其他人的哪些行為讓她感到挫敗，只要她沒有藉此逃避自己的問題都無妨，我們還討論到不同部門之間，甚至整間公司所面臨的挑戰。我也聽取她的觀點，了解她為什麼會認為我們領導階級沒有完全察覺到整個團隊已不堪負荷。接著，我們制訂了一個計劃，一個共識，記載著她承諾要做到的改變，以及我承諾要給她的幫助，還有我期望她進行改變的進度表。

我想要聚焦在我的立場，也就是上司的立場所做的承諾：倘若我從她的同事口中或我自己發現，她的行為模式並沒有改變，那麼我就不會採納任何雪洛兒提出的新提議。當然我沒有把這個計劃告訴她的團隊成員，因為這是雪洛兒必須自己經歷的過程。我也清楚闡明，讓我知道計劃的進展，並且在需要的時候主動尋求我的協助，是她的責任，不是我的責任。

接下來的幾週，我一直掛念著與雪洛兒之間的約定。為了要幫助她，我盡量鉅細靡遺地提點她：一封我寄給她的電子郵件，她沒能在二十四小時內回覆（這是我們的團隊準則）；一個計劃的進度狀態，她沒能在例會前完成更新（這是每個團隊的規定）；她在週會遲到，儘管只有五分鐘，但也必須提前讓我知道。就像是我的拳擊教練，在姿勢到位前不會讓我停止出拳，我將挖掘雪洛兒做事的小細節當作自己的任務，因為我知道這將對她有所幫助，也知道這麼做能幫助整個團隊，改變她的行為模式對每個人都有助益。

我們每週的會面都很緊湊，沒有閒聊的時刻，雪洛兒處於培訓的狀態。如果曾嘗試過，你會發現這與你預期的相反，只要是出於善意，而且是為了自己，不是為了取悅老闆，承擔一些主管賦予的責任也能是有趣的事，整天都能感到振奮，擺脫現代辦公室生活中的雜音、紛擾以及單調。會面的主題包含：她一天中採取了什麼做法克服舊習；她發現自己做了想斷開的舊習多少次；她還學到了什麼；以及我能否透過其他方式提供更多幫助。

和所有真正的改變一樣，個人的成長必然經歷緊繃的狀態。同樣地，創造公司的新願景也持續提供發展的參照點，分界出需要被升級的老舊策略，並以新的方法取而代之。新舊之間的差距正是驅使我們、激勵我們持續探索極限，並從信任的人身上得到回饋，理解有何變動及仍然需要努力的地方。也是在新與舊的轉換、嘗試與失敗及再次嘗試的過程中，我們才能有所學習。累積了一段時間和前述的緊繃狀態之後，神奇的事就會發生。這段時間或許很長，過程也許不如預期的線性，不過我們終將發現未曾預見的出口，必經的痛苦終將被喜悅取代。

這個過程約莫一個月，雪洛兒來到我的辦公室。她發現在工作上遇到麻煩的背後因素，那就是她對自身價值的觀點和她之前沒發現的潛在行為模式，這個發現使她停止了那些她極力擺脫的微觀行為。從我和有類似行為模式的人共事的經驗來看，解決問題的答案總是很令人驚訝。

「我總認為自己的價值在於提供新的想法，並具有創意。」她說。「我只要越專注在一些小事上，如你們指望的工作時程等等，我就越感到迷失，因為這些根本不重要。如果不能做更多我擅長的事，那麼我還有什麼價值？接著奇怪的事情發生了，你知道我和葛瑞格及安妮一起做的那個案子嗎？他們完全是自己完成的！而且他們的點子都非常棒。我不懂，我的意思是我明白……但我不懂。」

雪洛兒是個中階主管，但她所描述的情況，和一些執行長或副總裁們突破類似問題時說的一樣，我們將其精華摘取成文案放在網站上，名稱為「尤達出列，超人退位」。這個與預期相反的領導主軸在於退出扭轉態勢的角色，並允許步調較慢、轉趨低調的自己出現，這個版本的你會提出問題等待別人來回答，而且過程中還可能穿插一點打鬧嬉笑。

雪洛兒之後情況就趨於穩定，從我的經驗來看，邁向改變的路通常都有些顛簸，但只要她越將心思放在截止日、細節，以及積極與他人溝通自己的立場和想法時，她就能夠得到團隊成員更多的回應。過去的衝突和緊張的狀態都成了過眼雲煙，團隊又開始聆聽她的意見了，也會尋求她的指引，但是以一種全新的角度。他們不再視她為可以協助完工的對象，而是一個領導人。我過沒多久就幫她升職了，賦予她更合適的頭銜，讓她更能發揮她逐漸掌握要領的策略規劃。然而，她的轉變並非一路順暢，也沒有人是如此的。隨著時間流逝，尤其是在跨出舒適圈、執行新任務時，她還是會犯老毛病，但我們會就此進行討論並且繼續努力。

雪洛兒不是因為付出雙倍的努力才當上部門主管，她反而是暫時將長處擱置一旁，直到她不再需要以長處掩飾自我，直到它們不再像ＯＫ繃，用來撫平她對身為一個人和員工的價值所感到的不安。她能辦到不只是因為她專注在一些小事務上，而是專注在特定的小事務上：那些影響她的團隊及老闆的微觀行為，也正是因為這些行為讓大家對她敬而遠之。結果，她的轉變讓我們的團隊變得前所未有地親近。

第五章　為小事困擾

我們到遠處去找尋真理，不知其實它就在身旁。

——日本江戶時期禪師　白隱慧鶴

我不是優秀的衝浪者，比起各種會讓我跌破頭的活動，我更偏好兩腳緩慢地划水，然而，二〇〇六年開始學衝浪的第二個禮拜，我稍稍體驗到什麼叫初學者的運氣。我和一個很會衝浪的朋友一起划入海中，遇到了一些不尋常的大浪，不知何故我竟然非常樂在其中。直到離開水面，我那衝浪好友才說那些大浪已遠超過初學者的程度，幸運的是，我太菜了，渾然不覺當時的行為超越了自己的能力。我指導雪洛兒的情況也是如此，純粹是最高領導力的初學者的運氣。

接下來的幾年，我從和雪洛兒的對話出發，發展出具清晰度和可重複性的交談方法，我們將這個方法轉變為「問責轉盤」（Accountability Dial）的過程（你將在第九章了解更多），藉此分解我和雪洛兒之間的對話結構。問責轉盤能一步步指出如何與你的團隊展開這些對話，你就不會覺得只是在且戰且走了。

問責是一種技能，就像衝浪，完全不是天生的能力，至少對我來說是如此。就衝浪而言，在划入海中之前，你必須先考慮一堆的事：比較前後浪之間微妙的角度變化及波鋒不同、浪的大小與速度、風勢、你的體能狀態，甚至還有衝浪者的禮儀，你必須弄清楚排隊的順序。在這之中，有件事情是勢必要做的：你必須在某個時刻選出一個浪出發。如果你不這麼做，或許會浮浮沉沉地在海面上想著這件事，卻沒有真的在衝浪。你在一天的管理過程中，也會面臨幾次類似的選擇。

你有一堆複雜的問題要思考：每個人過去的工作表現以及你與團隊成員之間的實質關係好壞、瞬息萬變的情緒和士氣的當下狀態、不同程度的領導力失調與文化動能，以及最重要的，你是否格外感到挫敗，因為你扛著老早就觀察到的問題卻默不作聲。但在某個時刻，你還是必須選出一個浪出發。如果你不這麼做，儘管你了解並以各種理論說明員工的情況，你還是沒有進行任何管理。

談到管理一個團隊，員工的行為就是那個浪，具體來說是團隊成員一整天的微觀行為，尤其是那些你一直試著要阻止的行為：和你或團隊成員溝通時漫不經心或不清不楚、時間與期程管理不足、隱匿自己的缺點不願求助、試著取悅你而非承擔風險、老在質疑工作且無法完成工作、把計畫變得不必要地龐大、挑簡單工作做而較困難的就能拖就拖等等。不過，這些有如芒刺在背的行為就是海浪，對你是有益的，這些行為才是促成個人與專業成長的要素。

多數主管都犯了無心之過，從相反的面向著手，試圖透過團體公告點出個人工作表現和公司文化上的問題：談一些概論呼籲大家承擔起工作、花更多心思在客戶身上，以及增加溝通的能力等等。主管們希望這些訊息能成功傳達給預設的聽眾，相信這些訊息能督促員工採取行動並改變徒勞的行為。但是，這些訊息通常都無法做到，這並不是因為員工不在乎或不思改進，而是因為這樣的做法不能促進成長，尤其是個人成長。這些團體公告至多只能指出需要改善的事情，無法告訴大家如何做出改善。

優秀的經營管理恰好相反。首先，讓員工知道什麼樣的行動會導致什麼樣的結果，包含正面和負面的結果。接著，幫助他們了解這些結果如何造成事業停滯。最後，整合這些結果，讓他們看見前述兩者之間的關聯性，這些在工作上造成阻礙的事，同樣也常是其他生活方面的絆腳石。這個串連——從具體的事物到整個背景的脈絡，順序不會相反——能解釋所有層面。第十章「完美對話」有更仔細的討論。

談論行為本身是不夠的。你可能早就把這本書接下來的內容談到嘴皮都破了，但還是沒有將這些行為和它們造成的影響做連結，並從每個人的脈絡來觀察這些行為，進而了解人們如何造成影響，又如何受到他人和周遭環境的影響。

每間公司的董監事都應該讀一讀強・朗森（Jon Ronson）賣座又叫好的黑色幽默作品《精神變態測試》（*The Psychopath Test*），書中有段出自精神科醫師的引言，他自認在精神疾病治療上有重大發現。「如今的確出現曙光，讓病患從『冷漠』這個心理監牢越獄到『別人的感受』的監牢，我們每個人或多或少都身處這種禁錮之中。」

結果顯示，至少就精神病患者能夠恢復健康的可能性來說，這個精神科醫師過於樂觀了。然而，我認為他的後半句話和職場文化的挑戰高度相關。事實上，這可能是診斷一間公司文化健康與否的關鍵：我們可以說，**一個文化的健全與否，取決於員工感知自己的行為，對他人造成影響的集體能力。**如果你是應用程式的開發者，且願意幫我建構追蹤這種能力的工具，請與我聯絡。

在企業領導人和領導力訓練師的職業生涯中，我反覆見到的一件事是，人們無法感受到自己對他人造成的影響，而這也正是文化功能失調的原因。你在公司裡的位階越高，就整體文化層面而言，弱點所造成的問題越大。這就是為什麼身為一個主管，最重要的就是在認清自己對團隊的影響後，嘗試幫助別人看見對彼此造成的影響，並幫助他們放下那些使自己惡性循環的內心糾結。

我從我的產業中注意到，此處所談論的那種會造成影響的行為，可被分為五種類型，以下將接續探討。這些行為並非固定不變，你會時常發現這些行為類型互相混合。然而，要了解這些行為類型，你才能注意到這些行為，並且開始在生活中有所應對。

我和所有人一樣很喜歡藏頭詩，所以我讓這五種類型的第一個字母拼出「主人（OWNER）」這個詞，這是你希望每個團隊成員都能擁有的感覺，不論他們身居什麼職位。

主宰時間（Own the day）

早上十點鐘的會議應該要開始了，與會名單上共有六個人，但會議室裡只出現了三個人。這幾個人正在閒聊，時而偷瞄一下手機，或許趁機解決幾個簡單的工作事項，目前都還沒有問題。到了十點五分，其餘與會者一個個進入會議室，大家彼此打趣閒聊、查看手機，還有一個位子沒有坐人。馬克在哪？在場的人面面相覷，再次查看手機，大家都收到通知了，為他找各種可能尚未出席的理由。許多事情接連發生，就除了這件事：團隊開始工作。

公司會不會因此破產呢？不會，但從經濟學者的角度來說，想想每一場這類的小型會報，雖然各自看來無足輕重，但加乘到整個團隊、整個部門或整個公司文化呢？人們和時間的關係，以及他們沒有能力看見他們和時間的關係如何影響其他人，這正是其中一股能夠分散團隊的力量。第一種類型即是這類的行為，一些看似微不足道的小事，卻對每個參與其中的人造成很大的影響。

此刻我所談論的，並非只發生過一次或偶發事件。生活夠複雜的了，你最不希望的就是過度管理員工，害他們因為怕遲到兩分鐘，連廁所都不敢去。你要找的是行為模式：常常讓別人覺得在搞失蹤，或者讓別人來頂替他們；透露出種種顯示無法如期完成工作的跡象；還有，總讓你不得不緊迫盯人。

此刻，試想是否有替代方案，你要是讓大家知道糟糕的時間管理所造成的影響，並且要大家都在自己的職責內負起責任，會發生什麼事呢？

十點鐘一到，每個人都準備好開會了，不管是坐在位子上還是站著，他們都準備好了。他們把行程妥善安排好，所以不需從另一個會議上匆忙地趕到這裡來。他們拿捏好和另一半通話五分鐘的時間，也能喘口氣泡杯咖啡或茶，他們有時間幫筆記本翻頁（備註：儘管我是環境保護主義者，我還是傾向要求員工帶上一本小筆記本和一支筆，而不是六部筆電，那樣看起來太像「海戰」這個老遊戲的畫面）。

當會議開始時，大家都準備好了，態度從容、專注且隨時能獻計。會議上有更多的空間讓人發揮創意，大家對彼此的了解也一天比一天更多，你也不必扮演任何一個人的家長。

說到做到（Walk your talk）

你有沒有在寄出電子郵件後，過了兩天還在懷疑對方收到信了沒？而且還回頭檢查寄件備份好幾次，試圖搞清楚狀況？你或許沒有想到這點，但這就像是你還拿著球，就算你自認已經把球傳給別人了。你試著把球傳出去，但你的隊友或供貨商等任何人卻沒有接到。他們在沒有告知你的情況下，藉著不做出任何回應，將事情留給你處理。如果情況相反呢？若是他們在兩天前，甚至是昨天寄信給你，至今沒收到你的回覆，難道他們不會感到焦慮嗎？溝通是我們最常無法說到做到、言行一致的範疇，這也是微觀行為的第二種類型，權責掌問的溝通就從這裡開始做起。

比方說，你的團隊必須在星期三前完成企劃案，星期一下午，他們開始感覺到要趕上星期三這個期限有困難，推延時程的理由或許有正當性，這也不代表他們沒試著去達成，但他們心裡明白無法如期做到預期的品質。具專業態度的人會立刻與你聯繫，然而不幸的是，大部分的人在這樣的狀況下都選擇躲避，他們第一時間就因害怕而採取了錯誤的途徑，這將使他們的主管失望，也搞壞了彼此的關係。關鍵在於，不要默許團隊逃避，這是訓練的機會，讓他們知道他們所做的決定會對你和其他人造成影響，也會讓人際關係惡化、信任瓦解，並使他們更加偏離自我期許。他們應該從你、從他們的老闆聽到直接的指示。

所有不良的溝通形式都有一個共通點：要求對方做的努力多過於應該做的。問責的關鍵在於鉅細靡遺地讓團隊了解，正在發生或才發生不久的事情原由，教導你的員工說到做到，是給他們機會活出徹底地個人誠信，使他們奮力地在工作上體現價值。在家庭生活也一樣，使他們以此為生活原則：「我要把這件事情做好，因為我想要成為如此自處的人。我不在意是否有人注意到，也不在乎自己是不是唯一這麼做的人，這就是我想要過的生活。」

指出困難（Name the challenge）

個人成長是件不容易的事。我所談論的個人成長並非浮誇的生活風格雜誌上所描述的，而是實實在在地自我改變，改變脆弱的、尷尬的、不自在的人格特質，以及「天啊，又來了？」之類的人生態度。精神狀態正常的人都不願意從鏡子裡看見自己所有的缺點，我們喜歡和追求的是個人成長的結果，這也說明了為何我們總是盡其所能避免改變的過程，或許也因為這實在太難了，所以我們放了自己一馬。削弱或拖延自我成長最常見的方式，就是掩飾錯誤或將其嚴重性降至最低，而不是讓他們顯現。

面對權威，我們必須保護自己，這種強而有力的、古老的、通常精準又情緒性的教條早已被內化，因此沒什麼人會在與權威人士建立關係前，不先設法穿起自我保護的外衣。我的團隊曾有位年輕男子，當時他家裡狀況惡劣，後來我才知道整個事件的始末，然而就在一個極為重要且長達數個月的專案進行的同時，他的父母持續不斷的爭吵演變為一場全面的戰爭。

他身邊的人、愛護的人彼此傷害，而他才剛搬到新的城市，個性和善但極其敏感，出了辦公室又沒有太多朋友。被捲入父母的紛爭左右為難的他，憂愁全都寫在臉上，每個人都感覺得到。我能理解他不願在工作場合談論這件事的「內容」，但我能幫助他的就是讓他對我及同事們坦白說明「脈絡」。這不算是諮商，而是關懷。「各位，」在特別難過的日子他會說：「我最近過得不太好。」同事們的回應或許和你一樣，他們會盡其所能地為他減輕一點工作負擔。他不需要說出事情原由，也不用透露任何隱私，同事們仍願意幫助他度過這個難關。這其中的挑戰其實不是解決問題，而是願意說出來。

暴露弱點會讓別人覺得自己軟弱，這種想法是一種癮溺。或許你已體認到這個想法與實際狀況是相互悖離的，因為，當我們終於停止想像別人可能對我們造成的所有不利，我們也開拓了可能性，學到生活中最艱難的其中一件事：正視自己的局限和弱點就是最大的力量。我們因此得到自由，用來隱匿弱點的精神和努力都能被釋放，這使我們能夠獲得潛藏的才略。接受自己的不完美，我們才有力量去解決、管理這些不完美。此外，這也能夠瓦解推砌在人與人之間的高牆，有此力量的領導人沒有所有答案且需要他人協助成長，這也是為什麼為他們工作的人，都是最快樂的。

瞭解一下你的團隊，大家奮力掙扎的原因是什麼？每個人都有某些掙扎，哪些人以為自己的價值建立在每天完成的任務數量，而非完成的品質？哪些人耗費力氣取悅與討好別人，因為害怕自己的弱點被發現？又是誰每天晚上把自己搞得精疲力竭，只為了逃避回到那孤單的家？要怎麼做才能讓這些人少花一點時間和精力假裝沒有這些掙扎，進而使他們對工作環境多些歸屬感呢？四處看一看，讓他們知道你看見了。讓一切好轉起來，持續不斷地進行直到他們相信你。

擁抱錯誤（Embrace mistakes）

如果管理訓練機構瑞范德（Refound）有休息室的話，牆上張貼的圖畫可能都是關於「無法擁抱錯誤」的各種例子。「我很抱歉這可能造成的任何不便」、「我們對此延誤感到抱歉」，還有我們最喜歡說：「我很抱歉，我保證這不會再發生。」

為什麼像我們這種算得上聰明的社會人士，很難說出那唯一能取得客戶、同事和我們自己的寬恕的話語，明明那才是我們真的想要的？我們為什麼說不出：「我真的把事情搞砸了，我很抱歉你必須收拾殘局。我不清楚我為什麼會這樣，但我打算先冷靜一下，再看看能不能把事情弄清楚？」我們想從別人身上得到的承擔責任的態度就這麼簡單，只要感受到對方這樣的態度，任何狀況我們都願意諒解，倘若感受不到，事情將很難繼續進行。

大部分人的出發點都是良善的，事實上，我們的立意都非常好。我們不想傷害別人，也希望能拿出自己最好的一面，但我們不是完美的，我們都會犯錯，可能造成其他人的問題，讓別人陷入困難。不論我們多盡力避免這種事情發生，我們積極行動抑或不為所動、口若懸河抑或沉默不語，都可能對別人造成傷害。然而，不經意的傷害並不是問題，為此道歉也不是最終的解決辦法，但還是別忘了道歉！

解決的方法，就是從我們的人際關係中推斷出錯誤。當你的員工為一個錯誤辯解，或試著對你施展絕地控心術時（「這不是你要找的錯誤」），就要放慢處理事情的步伐。浪頭過後，再找個時間好好地談一談。「嘿，我注意到這件事了，但別擔心，這不是世界末日，我們可以稍微談談嗎？」

你的工作是要讓他們感到放心，不是因為完全沒有風險，這種狀況不存在，而是因為我們都只是人類。你無法阻止他們感到尷尬、羞愧或有點愚蠢，偶爾感覺像個笨蛋其實並不那麼糟糕吧？如果你的直屬主管假裝他們從來不這麼認為的話，那事情才真的嚴重了。

這雖然很出乎意料但卻可能改變你的人生，唯有承擔錯誤的責任，我們才能有所長進，否則分歧和摩擦就不會存在。如果我們假裝沒事、粉飾太平，盡量維持他人的眼中的表象，就會忽略實際狀況跟理想狀況之間的差距。這樣的差距在真正的成長中有其必要性，若只是給他人鼓勵和掌聲，而非讓他們在重蹈覆徹、自我拖累時對自己失望，反而是剝奪了他們成長的權利。

如果你留下一些空間使人們能夠欣然接受錯誤，他們就有空間去問一些改變遊戲規則的問題，像是：「為什麼我要仰賴系統，而不是憑藉自己更好的判斷？」或者：「為什麼我發現錯誤時沒採取行動，還假裝什麼都沒看見？」值得留意的是，這些工作上的問題也能作為生活其他層面的借鏡。找出那些使你犯相同錯誤的癥結，不但能讓你成為更好的團隊成員，還能讓你當更好的父母、伴侶或朋友等等。如果你讓他們用一個空泛的道歉脫身，很有可能因此剝奪了他們一個重要的學習經驗。和他們一起並肩而行，幫助他們建立起事情的脈絡，創造雙贏。

承擔風險做對的事（Risk being right）

大部分的員工都認為，自己沒有什麼能力改變職場文化。事實上，並沒有幾個人真的嘗試過去改變，至少，不是透過成功機率較大的途徑。另一個幫助員工了解自己在團隊中扮演的角色和整體職場文化的方式，就是讓他們知道承擔風險做對的事情所帶來影響。

在一個週日深夜，我和我的生意夥伴鑽研著一項重要決策的最後細節。我們必須選擇公司架設的應用程式的編碼語言。一種是名為ＲＯＲ（Ruby on Rails）的新興程式語言，可以讓設計有更多彈性，就長遠的客製化服務而言也有更多選擇。另一種則是業界現行標準的程式語言，可以滿足我們的所有預期：更強大的後援，以及更多開發者熟悉這個語言等等。兩者價格的差異不大，但是要做到熟悉操作並付諸執行，新的技術將更勞心費時。

我們還知道一件事：我們的團隊真心想要嘗試較新的技術，他們看見新技術長遠來看的潛力，這是超乎我們這些四十多歲的人能想像的。這是個困難的選擇，我們最後仍決定使用較保守的程式語言，但我們的團隊盤算著另一個計畫。

到了週一早晨，我們準備在員工會議分享這個決定，發現每個位子上都放了一張紙，看起來像是一張流程圖。「這是什麼？」我們問。團隊中的一名年輕成員，也就是這件事的主謀克里斯說：「我們對於你們接下來要宣布的事情已經有所察覺，所以想要再嘗試一次。我們認為已經找到方法可以讓我們在採用ROR的同時，且仍遵守進度。」我們很快地瀏覽過他們的提案，但仍然告訴他們，我們還需要幾天的時間進行通盤的考量。這場會議結束的時間比我們預期還更早，當我們步出會議室，我的生意夥伴故作嚴肅地轉頭對他們說：「你們竟敢質疑我們的專業能力？」此舉是要讓他們明白成功幾乎唾手可得。那個週五的晚上，我們辦了場非常棒的公司派對。

我們不是為了獎賞他們承擔風險才答應這項提案，提案必須合乎情理。但我們透過不同的方式去獎勵團隊，特別是克里斯，因為他們願意承擔風險。在一場公司會議上，我們仔細地回顧促使我們做這個決定的每一個步驟，因為這個決定將影響團隊中的每一個成員。我們想要讓大家知道，對我們而言，什麼是「承擔風險做對的事」。

那麼你應該怎麼獎賞團隊呢？當然沒必要做出像上述的例子那麼誇張的事，

可能今天你就會有一些小小的機會這麼做，或許過了一天又有更多機會。是誰取消了那場大家都知道沒必要開的會？是誰花時間準備了一個淺顯易懂的答覆給你，儘管一個更複雜詳盡的回覆在當下就已經足夠了？是誰小小僭越指引範圍給了客戶退換貨／款福利，僅是因為這麼做是對的？是誰冒著風險跑來告訴你，他的朋友在別的團隊受到主管的不公平對待？是誰冒著風險實話實說？不管你認為這些事情多渺小，它們都是大事。讓員工知道你都察覺到了，告訴他們這些所作所為對你有什麼意義。

在這個章節裡，你的腦中或許已浮現一些想法，但還是要稍微掃視一下你的團隊成員，在前述五種行為類型中，每一個人在哪一個類型能得到最大的成長空間？（如果你是一位職訓師或顧問，看看你的客戶如何展現這些行為。）仔細觀察小細節，不要忽略了那些令你或其他員工沮喪的習慣，也別忘了那些所謂正面的習慣，也就是不願冒險並順應權威埋頭苦幹、自我保護。能讓你的指導變得優秀的能量，全都蘊藏在這些小小片刻中，這些容易被忽略的蛛絲馬跡，能讓你幫助他們實現前所未見的成長。

學習如何指出這五種類型的微觀行為，並運用它們作為開啟深層對話的方式，這就是優秀領導的藝術。只要你願意一試，這會是你能夠帶給周遭的人的禮物。而且如你所見，這和你所提供的勸言無關，也和提供勸言的次數無關。這歸結到對於一個人的了解，包含他的行為、積極作為和消極被動，每天數百次的交流都將促使你的團隊更團結或者更分裂。

我們在進一步行動之前，別忘了你的團隊要承擔的風險比你還高。儘管你們雙方都同意，他們既有的做事方式無法落實期望，你仍然在要求他們檢視並改變行為模式及長久以來的信念。居身於領導者的位置要求他人這麼做必然感到不太自在，因為這意謂著你把這件事當作一件神聖嚴謹的工作。大家都想要的改變常是得來不易的，必須經歷試煉和多次的錯誤，這些嘗試會讓我們感到挫折，可能情況好轉前會變得更糟，但最終我們將登上高台，而且會比我們所預期的還要平穩持久。

如果你繼續堅持，抱持著開闊的心胸和敏銳的頭腦，必當預見美好的將來。破浪前行吧！

2

第二部分

問責而不指責

第六章　新的共識

改變遊戲規則，別讓規則改變你。

——美國饒舌歌手　麥可莫（Macklemore）

我們是個尋求「療癒」的社會，非常殷切地找尋著。我所住的大學城位在奧勒岡州阿什蘭市（Ashland），剛好就在加州的邊界附近，在這裡就算只是去雜貨店買一盒雞蛋，都很難不碰到顧問、職訓師或治療師這類的人。這小鎮僅有兩萬人口，卻有至少六間瑜珈教室、十七間針灸診療室、三家有機超市，將近一百個有執照的諮商師（無照執業的治療師也差不多是這個數量），以及無數人生導師、營養師、自然療法治療師、脊椎按摩師等等。「療癒」活動正悄悄接管世界，席捲全美各大小城的每個角落，我們的小鎮也不例外，從奧普拉（Oprah）到奧瑪哈（Omaha）都是如此。

商業圈很積極擁抱這些想法和技術，前五百大企業提供許多課程，如正念禪修、意識的交流形式以及瑜伽這類的身心訓練，更不用說幫員工加保替代醫療的險種。還有組織提供公司行號各種個人成長靈修營，這已發展出一套小型產業鏈。他們的出發點都非常良善，也有許多很棒的人試著讓情況變得更好，但怎麼沒有變得更好呢？是貪婪作祟嗎？還是在資本主義體系下，競爭迫使人們走進一場贏不了的交易，只能以「在不過分要求的情況下各取所需」的態度待人？我們能期盼的頂多是稍微好一點的情況而已嗎？

讓我們稍後再回到這些問題，從更根本的問題開始討論：我們在尋求「療癒」的過程中，究竟目的是什麼？

保守地說，不論我們要追尋的是什麼形式的「療癒」，本質都是一樣的：我們要的是自我完整性。我們想要找回失去的自我，並藉此重拾掌握人生的感覺，得到群體歸屬感，不管群體規模多小，只要價值觀相似，能夠盡其展現這珍貴的人生都好。不論透過什麼方式，我們會去找這些治療師、導師和職訓師（當然，他們也會試圖從別人身上尋求一樣的幫助），對他們說：「幫幫我，我想要變得更像自己，卻遇到某些阻礙。你有經過訓練，你是否能看見那些不像我的部分？

我需要做什麼改變，才能更接近我想要的樣子？」

然而，會有員工去問主管類似的問題嗎？你不覺得很有趣嗎？不管主管多常看到我們承受壓力或與人交往的情況，他們都不是我們的諮詢對象，而且，這些主管也不認為提供諮詢是他們的責任。這對雙方而言都是浪費潛能的悲劇。我們在職場花費最多時間，卻忽略了在職場所有可能學習的機會，我們又如何找到自我完整性呢？

在此分歧上，公司文化中的不同聲音便試著開啟新的對話：以數據為導向的工具創設者，透過新的方法追蹤士氣和表現；以溝通為焦點的職訓師和顧問，包括我在內，試著協助領導者更清楚地瞭解周遭事物，以便他們採取更果斷的步驟進行改善。然而明眼人都發現了同樣的問題：領導者儘管竭盡了全力，但因害怕被佔便宜，仍不願冒風險展露脆弱那面；第一線員工不斷換工作，試圖找到擁有實在目的的感覺；而經理人則被夾在中間，在窮於應付的狀況下，苦於維持團隊的壽命才好完成工作事項。這並不是一件好笑的事，而是一個很嚴重的問題，所以也是非常大的契機。

談論如何把握這個機會前，我們必須先釐清個人療癒和文化改變的趨勢如何相互結合或相互悖離。明明出發點都是好的，為什麼我們在談論文化時依然感到困惑？文化究竟為何？又該如何改善這種情況？**這是因為我們將個人成長和精神思想帶入職場時，沒有先改變控制職場的潛在共識。**

這既存的共識始於工業革命，但當然也可追朔到數千年以前：「我們是為老闆工作」的信念已深植人心。在改變這個共識前，我們所做的不過是欲蓋彌彰，而非解決問題。我們必須試著翻轉思維，不斷地嘗試，直到事情搞定，設法重新理解文化改變的概念以及這個改變是為誰而做。追根究底地說，文化改變的主要目標如果不是為了每一個個體，那麼文化進化也就不存在了。而大衛這樣的員工所等待的，正是這樣的新共識。

二〇一一年冬天，我在一場會議上遇見大衛，那是一場中型金融顧問公司為了去年最佳員工所舉辦的會議，在場的兩百名業務員在全球七百位業務員中脫穎而出，創下最高年度業績收入。執行長葛瑞格是我的部落格粉絲，他請我針對「說到做到」發表主題演說。完成演說後，我走到會議室後方，在午餐前回答一些問題。那並不是我最棒的演說，當時我才剛開始巡迴講座，仍然太害怕在台上對群眾顯露出愚蠢的一面。當大衛從人群中竄出，很有目的性地朝著我走過來時，我正好站在會議室的後方，他不匆忙，但心煩意亂。他是這場演說主辦公司的副總經理，我們前一晚才在飯店酒吧一起喝了一杯。

「嗨，強納森，我可以跟你說一件事嗎？」

「當然可以，大衛，怎麼了？」

「你的演說真的讓我很生氣。」

我的心一沉。「我了解，我了解，很抱歉」我準備這麼說，但設法按耐住性子聆聽而非回應，「怎麼會呢？」

「你完全說中了我們公司的問題。」

我卸下心防，專注地聆聽他接下來說的話。

「我非常厭倦一再聽到一些堂而皇之的偉大想法，像被困在無限輪迴的既視感，到處都是可以改變文化的新觀念。我不認為葛瑞格是故意的，但我們都很清楚，他只是把問題丟出來，卻不知道該怎麼做。這樣抱怨很不好意思，但這實在是太讓人感到挫折了。」

「大衛，我真的感到很遺憾，也希望你是第一個跟我說這件事的人。」

「強納森，我在這間公司工作七年了，我已經不知道還能做些什麼了。」

「你為什麼還待在這間公司？」從前一晚對話內容，我知道不是因為收入。

「因為我非常在乎這裡。我認為我們可以比現況還要更好，只要我們將談論的想法付諸行動，而非只是『嘴』上談兵。」

我們持續聊了一會兒，直到我問大衛一個讓他吃驚的問題。

「你有沒有想過跟葛瑞格聊一下這個問題？」

「你的意思是？」

「我的意思是，你是副總經理，也在這裡工作七年了，為什麼不試著和他談談這個問題呢？你必須找個合適的時機，清楚地表達你有多麼在乎這間公司，多麼真心希望能為在這裡工作的人做些什麼。接著，讓他知道你有一些能改變現況的想法。」

「我應該那麼做的。」

我和大衛又多聊了幾分鐘之後，他便離開了，似乎已下定決心要採取行動。我並不知道他是否真的那麼做了，我擔心的是他犯了大家常犯的毛病：我們預設自己無法讓改變發生，因此，與其冒著受傷的風險，我們寧可自我保護、隱藏挫敗，這只會讓自己之後付出更大的代價。

大衛反對的並非葛瑞格舉辦這場演講的出發點。他打從心底喜歡葛瑞格，也很尊敬他，並在許多方面都視他為榜樣。大衛反對的是在文化改變過程中，葛瑞格扮演的角色以及與文化改變的關係。葛瑞格和每個我所見過的執行長或領導人一樣，都在做自認正確的事，他和其他領導人要的東西也都一樣：員工能在職場擔起個人責任、創新並承擔促進生意的風險，以及他那天早餐時跟我說的，他真心想要創造可以支持個人生活和團隊目標的文化。

葛瑞格不了解的是，文化不是內容，而是整個脈絡。和我在職業生涯裡所做過的嘗試一樣，他試圖加入一些文化面向的想法來促成改變，卻沒有先處理每個人天天面對的文化現實失調。這正是葛瑞格失敗的原因，他與團隊脫鉤了，不論他說什麼或大家了解他的立意多良善，他和團隊就像活在平行世界。員工被勉勵要勇敢追尋自己的目標，卻一直撞上隱形的牆，員工只能在葛瑞格的舒適圈這堵牆內發展。而這讓我們理解，改變文化兩個步驟的第一步。

步驟一：執行長或老闆必須敞開心胸。唯一的方法是承認他們不知道該怎麼做，這是個展露脆弱的時刻，儘管只是短短的片刻，但我見過太多執行長永無止盡地拖延下去。他們只需要這麼做：「各位，我真心想讓這個地方成為很棒的工作場所，而且正如你們所知，這幾年我也嘗試過許多方法，儘管在某些方面生意好轉許多，但只要談到文化，也就是大家在這裡工作的感覺，我知道還沒達到你們需要的改變。**我不知道要如何改善，不過我想和你們開始新的對話，可以嗎？**」這才是力量，這樣的領導人我才想要為他效勞。

如果我是那位執行長的員工，當下會感覺到與執行長更親近了一些，也會對他更有同理心，並覺得得到啟發。這不是因為他有問題的解答，而是因為他勇於承認不足。藉由面對自己的能力限度並允許他人親近，這位執行長踏入改變的第一步，只有他們能夠這麼做。這一步讓他看見公司的成長能夠超乎眾人所想像，就在這刻，這位執行長改變了共識。

只有在這個時候，執行長才有權利挑戰他的員工去做同樣的事。並不是執行長不採取這步驟就什麼都無法改變，但少了這一步，改變將大大受到侷限。你知道為什麼嗎？因為這位執行長若不須參與文化改變的對話，表示「公司」優先，不論公司的價值為何或有多少鼓舞人心的想法，公司的目標和成果遠比執行這些專案的人更重要。當這位執行長不再糾結於老舊的共識，文化改變的進程才真正開始。

步驟二：這步必須由員工來進行，公司每個層級都要參與。每個人都要尊重執行長推出的新共識，百分之百地為自己的行為負責。就算他們個別的上司沒有負起責任，還是要在無人督導的情況下把工作做好，就算員工手冊沒有明確指示，也要照顧到顧客需求，並且在感受到同事遭遇不公平對待時為他發聲，這麼做大家才會感到適得其所。

個人成長一定有風險，更需要暴露弱點，我們必須願意承受傷害，並接受就算我們立意良善，有時候仍會傷害他人，我們沒辦法既當個大好人又還能成長。最終我們得到的大禮是——看見我們如何在不自覺的情況下疏離他人，如何與他人保持距離以策安全，還責怪他人對我們這麼做；或又我們如何出賣自己，選擇屈服於權術之下，不敢說出「這有些不太對勁，我們可以做得更好」。

個人成長的意思不是改變自己，雖然這算是其中的一個部分，個人成長的意義在於讓生活中的人們改變我們、幫助並要求我們拋棄舊習，藉此才能夠重新發現深埋心底且難以達到的自己。透過人際關係獲得的個人成長最好，尤其是在承受高風險的時候，那讓我們有動力去挑戰困難的事，而不是抄捷徑找容易的辦法。工作並不是隔絕個人成長的地方，那是施展身手、全力以赴的地方。但是該怎麼做，完全是另外一回事了。

第七章　文化聆聽的藝術

聆聽，能讓一個人被他人改變。

——美國演員、導演　亞倫・艾達（Alan Alda）

我們一直談「影響」這件事，但還有一個面向沒有完全討論到：要跳出自己的世界之外夠久，才能觀察並感受到自己的行為帶給他人或群體影響，這是一件多麼困難的事？這並非我們希望能影響到他人，而是對方認為自己是如何被影響到了。此外，你是否遇過有人向你坦誠自己的行為影響和傷害到你，卻沒有為他們的所作所為辯解，或找藉口推卸責任？有趣的是，無論我們進步到什麼程度，真誠的歉意似乎並沒有因此比較常見。「我傷害了你，我從你的反應就可以得知這一點。我很抱歉，但抱歉只是一個詞，我在意我們的關係，如果可以，我想彌補這一切，我會找出為什麼以前我會認為可以這麼做的原因。」

在私人生活實踐這件事情不容易，在工作上，不論你是主管或是員工，也同樣很難做到，員工或是主管真誠地道歉同樣罕見。然而，我發現在一些特別的情況下，位居越高位的人越難理解自己對公司文化所帶來的影響，尤其執行長是最難實踐的。

這之中有個原因最顯而易見，我很訝異這不在文化對談的一部分。那就是：只有執行長對於替自己工作的樣貌，毫無直接經驗，不論他們多麼努力嘗試或徵詢意見，都無法完全理解在自己創造出的公司文化中工作是什麼感覺。這無可避免的盲點影響執行長最多，不論你只是管理一個員工的主管，還是五十個人的部門，又或是萬人之上的執行長，我們確實無法看見自己所創造出的公司文化如何影響著團隊。

馬克斯就是陷在這種情況。他在一家體質健康的新創公司擔任執行長，他的公司專門為 Apple Watch 這類穿戴型裝置寫應用程式。他二〇一一年創辦這間公司時才三十三歲，剛辭去一間大型科技公司的總監職位。即便頭幾年有許多必經的波折，但馬克斯和他的團隊一路上算是比其他同業穩健許多，人們喜歡他們的商品以及行銷概念，而且總體來說，他們是一間值得打交道的公司。公司在創立的五年之內，員工人數就從原本屈指可數增長到六十五人。

馬克斯熱衷於公司文化並深知其重要性，對他而言這絕對不僅是口號而已，如果你問他，他會告訴你「文化就是一切」。他知道員工們每天上班的經驗會直接反映在客戶身上，進而直接影響公司每月的財務報表。他把公司價值寫了又修、修了又寫，還有公司的五年願景，以及短期和長期目標的額外計畫。就他所知，還有他從網路和領導能力書籍上讀來的內容，一切都走在正軌上。

而他並不是唯一這樣想的人。在二〇一四年底，依照每年慣例，員工可以評價公司文化，當時他們在滿分十分中給出了八・九的高分。如果你像我幾個月前一樣，走在他們的公司長廊，你會看見大家臉上面帶笑容、生氣勃勃，並且對新人的加入感到興奮。然而，有些事情不太對勁，非常不對勁。

當時公司四大總監之一的戴爾剛好休假，在一次團隊會議中，馬克斯問了一群在戴爾底下做事的經理人們，他們認為公司文化最需要改變的是什麼？我們鼓勵我們所有的客戶都問這個問題，即便公司一切都很順利。一些不同的意見在會議上被提出，不過都是馬克斯以前大略聽說過的事情，他做了一些筆記好讓他在週末思考他們的意見，並在下次會議再次討論。

但是，有件事情令他感到困擾。公司金牌業務之一的蘇姍那天異常安靜，雖然他不願意為難人，但還是問她有沒有什麼要分享的，她也回答了沒有。會議結束後，他仍對這件事情耿耿於懷。他晚一點在走廊遇到她，便問她有沒有空，他們悄悄走進到旁邊的會議室並把門關上，最後總算真相大白。我當時不在現場，馬克斯將他們的對話轉述給我：

「感覺妳有一些想法，但不方便提出來。是我誤會了嗎？」馬克斯問。

「我其實對於要討論這件事情很緊張。但你知道嗎？你說的對，這件事情不該繼續拖下去。」

「繼續拖下去？」馬克斯開始擔心了起來。

「聽著，馬克斯，我知道戴爾跟你很好……我知道你們是大學同學……但他對待我們的方式實在是糟透了。」

「我們？」這時馬克斯真心困惑了。

意識到馬克斯真的有在聽她說話，蘇珊終於願意吐實，她接著說：「女性，馬克斯。我原以為只有發生在我身上，才保持沉默了好一陣子，儘管我無法指名道姓，但你要知道我不是唯一的受害者。」

「好的，蘇珊……我要先把事情搞清楚。我之前都不知道……你為什麼不早點告訴我呢？我們都認識這麼多年了。」

「你不記得了嗎？」蘇珊發現馬克斯一臉疑惑。她說：「記得兩年前戴爾辭退珍妮佛的時候，你對我說了什麼嗎？」

馬克斯的心頭一震，回憶如潮水般湧來，記起當時他責怪珍妮佛會「消極抵抗」，還說團隊沒有她更好。之後，馬克斯和蘇珊又多談了幾分鐘，雙方同意晚點再繼續討論這件事。

步出會議室那刻，馬克斯開始做他最擅長的事情，進入「行動」模式。（這一方面是優點，也是缺點，不過我們晚點再來討論這件事情。）他私下找了團隊裡的其他女性，告知他已經知道有這個情況，並且會改善這件事情。馬克斯寫信向我訴說他的焦慮——以及慶幸——這件事情終於被攤在陽光下，他有自信他們能處理這件事。

我們整通群組視訊會議都在討論這個互動。他適切地和其他執行長討論這件事情，並且得到一些不錯的回饋。但過程中他說了一件事令我感到相當詫異，其實以前我就聽他說過，但當時並沒有想到這件事情的重要性。看看你們能不能從下面的對話補捉到蛛絲馬跡。

「我很高興這一切水落石出。我是說，我們差點讓三個總監跟四分之一的員工離我們而去，我沒在開玩笑。我是真的慶幸能開誠布公地談論這件事。我想我們能度過這關，但我還是不太明白，為什麼之前沒人提出來呢？我們一同經歷了這麼多，難道她們仍不覺得跟我說出這件事情是安全的嗎？我的意思是，我每天都跟大家在一塊兒，甚至沒有個人辦公室，我和他們在同一個空間內相處。我以為我們的文化很棒，但一定有些地方出了問題……可是我絞盡腦汁都想不出來，到底是哪裡有問題。」

你聽到了什麼？馬克斯的這段話有沒有什麼地方讓你覺得詭異的？回頭重新讀一遍並試著找出重點。試想馬克斯正說著你不懂的語言，而你正努力想找出一些關鍵的隻字片語好幫助你理解。

馬克斯語畢之後，我盡可能地將思考脈絡傳達給群組內的其他人。我說：「我是這麼解讀馬克斯剛剛所說的話。我想……好，會發生這件事情，背後一定暗藏某些原因。這與戴爾無關，就算有關也只是其中的一環，但基於某些原因，員工並沒有安全感……」（此時，我從一位女性執行長的表情看出，她和我聽出一樣的詭異點，只是她當下沒有提出來。）題外話，我一直都教育領導人要培養自信，當你感覺到什麼就說出來，不會錯的。

「馬克斯，我想問一下，我在聽你說話的時候，有一件事情讓我很詫異。你為什麼沒有個人辦公室呢？」

馬克斯開掌拍打自己的額頭，露出一些尷尬和解脫。很有趣吧？領導人有多常陷入這種窘境。

「我的天啊！她們根本沒有安全的地方。她們無法私下來敲門找我談，因為我沒有門可以讓她們敲啊！」

「事實上，還有一個原因。」瑪姬說道。她就是一開始保持沉默的女執行長，現在終於願意開金口，搶走我展現英明教導的風采。（開個小玩笑而已，當你試著幫助他人突破自我侷限，而對方終於不畏風險說出心裡話時，世界上有什麼比這種感覺更好的嗎？）

「沒有辦公室也會傳達另一個訊息，」瑪姬接著說。「你天天都跟大家在同一個空間裡，我可以想像大家會這麼想：『好吧，馬克斯肯定知道戴爾如何對待團隊裡的女性，只是他不認為這有什麼不妥。』」

對馬克斯而言，這番話絕對是壓垮他的最後一根稻草。作為公司文化轉變過程的一部分，馬克斯和他的團隊分享了這個新發現，團隊中的女性也證實公司高層的確讓她們感到膽怯，好像被監控著，不光是戴爾，馬克斯也包含在內。她們不知道怎麼開口，因為大家共處一個空間好像是公司文化的一部分了。

接下來的二十四小時內，馬克斯的團隊重新規劃了辦公室空間，他也在執行長對話群組貼出一張照片，展示辦公室的新樣貌。

公司文化正在經歷重大的療癒時刻，最先意識到的，就是在激發團隊精神時很容易被遺忘的：健康的人際關係（不論是專業或是個人層面）需要一定的距離，每個人都需要自己的空間。這不代表每個人要有自己的辦公室，多加運用創意就可以做到，就像馬克斯和他的團隊，幾天之內就以既有空間和辦公桌辦到。上班時，人們需要能思考以及處理情緒的地方，可以在對老闆感到沮喪時，不需要陪笑的空間。

劃分出個人空間只是第一步，馬克斯必須證明這個空間是安全的。那星期他挪出時間給所有想找他談話的人，幾乎每個人都來找他了，而且不只有女性員工。馬克斯真的打開了大門，就他的情況來說，他終於有扇門能關上了！馬克斯讓大家知道他想根除這件事情的決心，也讓員工理解，儘管過程很費時，他還是會全程跟著大家走過這一切。然而事實上，在馬克斯決心公開透明處理這件事情的那刻，局勢就開始快速改變了。

提供能自由交談的空間有兩個好處。首先，團隊中的女性員工終於有機會，說出過去自認為了保住工作而隱忍的事情，而有了說出來的機會，她們才能夠將這些事情真正放下。其次，重新劃分的辦公空間也對戴爾產生影響，他有了自我審視的空間，這也正是他所做的。幾星期後，他回頭找團隊中的女性員工，並且逐一向她們道歉。此時戴爾的自我療癒發生了，他發現自己心裡抱持的立場和評斷是錯誤的，團隊中的女性員工不但沒有記恨，也不希望戴爾被開除或是自請離職，甚至默默地鼓勵著他，因為她們知道戴爾正在度過艱難的時刻。一位不知道這本書副標的女性員工正好也這麼說：她們都很支持戴爾，期盼他能成為她們一直在等待的領導者。

我們都只是人類，若要像馬克斯一樣花沒幾天，就靠著自己的力量有如此的發現，不僅是非常困難，也幾乎不可能。我們需要其他人，需要我們信任的人去指出我們還沒看見的事情。尋求幫助很困難，光是害怕問不到對的問題，就可以讓我們怯於嘗試，然而如此我們才能跳脫個人的狹隘視角，看清更廣泛的真相。實際上，真相遠比我們想像中簡單的多，也比團隊工作坊或主題演講更能為團隊帶來更深層、更正向的影響。

文化聆聽（cultural listening）是一種技能，讓我們能看穿潛在問題的徵兆。無論你是執行長、團隊領導者還是新創企業家，這都是身為領導人必須培養的強大工具。馬克斯越去思考這件事情，他便越能意識到，如同蘇珊所提示的那樣，這起事件的種子早在多年前就種下，即便如今的他已不同以往，但這文化歷程依然具有影響力。你究竟和怎樣的文化歷程共處，能否像馬克斯一樣根除問題？

倘若團隊中沒有人站出來，挑戰你人際關係和公司文化上的問題，請不要以為這些問題不存在。你應該要假設，不論原因是什麼，他們認為開口就像伸長脖子般危險。

讓人們與團隊脫節或默不做聲的原因很多，最常見的就是他們認為自己說的話沒人會聽，無論他們試過多少次、多少種方式去改變現況，似乎都會被當作耳邊風。請謹記員工投入迷思（第三章）——並不是沒有人比你在乎，只是要他們表現出在意，又獲得主管／員工雙贏的局面，這條件壓根就不存在。

而你的公司文化透露出怎樣的領導階層呢？可能是以實體形式存在，就像辦公空間的安排方式，如特定員工的坐位區域，如馬克斯的辦公室；也可能在召開會議的方式或是在與會者名單；又或是公司組織圖的編排，若未依據當下人際關係更新，將無法反映出實際的狀況；也可能是溝通標準的潛規則引起了反感……等等。但請記得當你以外在的形式處理這個問題，例如重新編排座位，下一個工作就是要處理「病灶」，也就是情感層面的問題，好讓這件事情不會再次發生。

從馬克斯的事件，我們可以看到三個重要的領導技能，每一種都能被進一步用來改善文化聆聽的技巧：

一、假設不滿的員工是發言人。

蘇珊終於表達不滿時，馬克斯沒有試著要堵住她的嘴，或是設想她只是「個案」，這代表馬克斯某種程度上與她有著牢固的關係，但要記得不會總是如此。最大量的文化資訊通常來自不順耳的意見，可能來自一個常常在抱怨的人，或是你常聽到別人在抱怨的人，又或是基於某些原因你不怎麼喜歡的人。關鍵是你必須盡可能拋開雜音，才能聽見訊息本身傳達的意義。

就他們當下扮演的角色而言，他們的觀點有哪部分屬實呢？如果他們不告訴你，有哪些是你不會聽到的？你是否能將他們感到挫敗的癥結，連結到你尚未兌現的企業價值？從你的自身利益出發為大家改善情況，你如何能為他們提供的文化資訊負起全責？

你的目標是獲得誠實的反饋，你的任務是不論有多忠言逆耳，都要用盡方法得到這些反饋，你不需要是個偉大的領導人才能這麼做，因為執行的過程已讓你成為偉大的領導人。你應付心懷不滿的員工的方式，將會讓團隊中的其他人了解你應對異議的方式，你會拒絕與對方溝通嗎？還是只要異議出之於禮，你就能好好聽對方說呢？你會驚訝地發現，你原本認為反對你的人，實際上與你的觀點完全一致，並且可以成為文化變革計畫的熱情盟友，也許他們只是想體驗想法被重視的感覺而已。想想看，也許從來沒有權威人士給過他們這種感覺，如果你是第一人呢？

二、假設問題會隨時間流逝「生利息」。

發現根深蒂固的文化問題是很幸運的事。就算你覺得面對現實很棘手、尷尬或不自在，還是必須面對，因為這問題已經在降低團隊士氣，讓許多人與團隊脫節，以及影響團隊的整體績效和運作狀況。而這時開誠布公且公開透明的處理這件事情，將為公司文化帶來巨大的轉機，特別是對於那些一直要讓領導階級注意這些狀況的員工們，這也是一種獎賞方式，他們在其他人都不願站出來時，挺身而出做出正確的事。

但這並不意味著你該貿然行事。遇到文化問題時，人們很容易直接跳進「行動」模式。你該持續蒐集文化資訊並相信只要點出問題，你就已經佔得足夠先機，有時間在採取下一步之前，將問題考慮地更透徹。第一步，你只需要用簡短的電子郵件，或者如果你有會議室，就在團隊會議中簡短地宣布：「大家好，我知道有這個問題。我正在盡量與所有人溝通，也將徹底了解這件事情。我們幾天後會再次進行討論。」這樣做才能讓你的團隊有時間喘息、重新投入工作，並以自己的方式消化這件事情。只要你不試圖隱藏，那就沒有人可以拿它作為茶餘飯後的話題。

三、聽他們話語背後的意義。

另一種文化聆聽的技巧需要花時間慢慢修煉，那就是認真對待看似隨意或隨便的評論。人們所說的和真正要表達的意思之間通常有落差，這不是他們在騙你，而是他們選擇說出某個版本的真相，自認為那版本才是被公司文化所容許。如果你能試著讓他們放慢速度，這些隨口說說的評論可能是心靈對話的入口，是帶你深入了解情況的神奇門票。不過，在這步調快速的世界裡很難做到這一點。

這裡有五種最常見的狀況，乍聽之下都會直接略過，但卻都是開啟更具意義的對話的機會。

案例A：當有人告訴你：「我想要加薪。」背後可能隱含著更情緒化的故事：「我不覺得你重視我在這裡做的工作，我不是想獨攬功勞，我想要的是能被以更有意義的方式認可個人貢獻，不僅僅只是因為我在團隊中的角色。我曾試著和你溝通但沒有效果，我只好來要求加薪了。」

案例B：當有人說：「我今天可以在家工作嗎？」或在你的公司文化會說：「我今天要在家工作。」他們可能是這麼想的：「這週簡直是地獄，我真的需要休息一下，實在令人挫敗了，這個項目一直在碰壁……」這並不意味著你不應該讓對方喘口氣，而是代表你應該去了解他們不堪負荷的根本原因。

案例C：當他們說：「這個東西你什麼時候要？」他們其實是想告訴你：「同時進行的項目實在太多了。你能說明一下優先順序嗎？如果你能幫忙完成清單上半完成的項目，那就太好了，這樣就不會繼續消耗我們所有人的大腦空間。」

案例D：當你常常聽到：「對不起，我來晚了。」實際上應該是：「我在這工作沒有受到啟發。我也不太確定怎麼了，剛到職時我很想要這份工作，但現在晚上回家後總感到筋疲力盡，委靡不振。」

案例E：當出現問題時有人說：「我不確定這為什麼會發生。」想想看他們真正說的會不會是：「拜託，你完全知道那為什麼會發生呀。這就是因為＿＿＿＿又做了＿＿＿＿。你們到底什麼時候才要追究他的責任，停止讓他拖累我們其他人？」

你還聽過什麼版本？這並不是對個別意見小題大作，因為相同意見通常不會只有一個人有。身為經理人，你能取得的常是加密訊息，如果大家都能我口說我心，直接告知哪些事情對他們很重要，那就太好了，但是考量薪水、職涯和價值觀這些要素，有話直說就顯得不切實際了。身為經理人就得像半個偵探，線索到處都是，你只需要讀懂這些線索。

當你聽到加密訊息，或是你認為你聽到了，最簡單的方法就是最好的方法。

直接走上前問：「我注意到你這禮拜來晚了幾天。一切還好嗎？」或者，「我想與你談談薪水，但我現在無法做出任何承諾，讓我們一起討論所有的因素，包含薪水，我們再一起來想想辦法。」

有句俗話說，有時一支雪茄就只是一支雪茄，但通常一句話所代表的涵義不只如此。

第八章　承擔責任，一個愛的故事

你一直用那個字，我不認為那個字是你認為的意思。

——電影《公主新娘》（*The Princess Bride*）主角埃尼戈・蒙托亞（Inigo Montoya）

我喜歡新發想，也喜歡文字。如果我有超能力，我希望能將新的發想轉化為文字，並讓大家一讀就產生共鳴。如果目前為止你還喜歡這本書，也許這就是主要原因之一。這也是為什麼多年來，我一直把重心放在品牌和行銷對話，但這項優勢同時也讓我無法專精於此，直到我開始承擔責任。

當時我擔任副總經理，在公司擴展期間帶領行銷團隊，我們一直在尋找銷售上的有效潛在客戶（sales qualified leads, SQL），就以商管術語而言，這個詞倒是在字面上頗為精準。銷售上的有效潛在客戶是一位你認識的人，根據你至今對他的了解，評斷他是否符合你的產品的購買條件。換句話說，他不見得會跟你買，但他不僅在市面上找類似的產品，也有財力購買這個產品。

開發銷售上的有效潛在客戶的策略和手法，會因為你的行銷理念而有所不同。我們是一家「集客式行銷」（inbound marketing）商店，這代表我們著重在提供高價值且大多免費的內容，針對常見問題提供解決方案，並致力於建立以及維持我們在市場的威信。與傳統手法相比，這是相對溫和友善的行銷方式，但兩者核心價值相同，那就是更多的關注度，尤其是對的關注度，才會帶來最終的業績。

「集客式行銷」對熱愛發想的人而言是個天堂。我們的職責在發佈部落格文章、舉辦網路研討會、製作資訊圖表及可供下載的小工具等等任何能幫助客戶的事情，就我們的情況來說，就是協助小型企業老闆解決問題。就像任何產業，你擁有無限的可能性，而這些可能性都可以是正面又充滿價值的，然而有個小小玄機：即便你創造了最好的內容，也未必吸引得到你真正想要的顧客。

當時執行長新官上任，她不具行銷背景，她的背景和她所熟知的世界是「單一溝通銷售業務」（individual conversation sales）。舉例來說，就是如何在接通電話後，和潛在客戶進行最有效的對話；而「集客式行銷」——尤其它所運用到的新科技和新理念——超出了她的舒適圈也是能理解的。但這讓我必須為一些我認為理所當然，但她認為不合理的事情多做解釋，為此我快發瘋了。

每次開會，她都會一直逼問行銷漏斗[1]中不同階段所發生的事，不論解釋多少次，或者我自認已經解釋過無數遍，仍然無濟於事。最後我們兩個都被打回原點，我既挫敗又想回到「創作」模式，她則感覺自己在這個重要的業務項目被蒙在鼓裡。她有十足的理由感到不耐煩，並要我為此事負起全責，而解釋公司為什麼要砸錢做行銷好讓她放心，的確是我的責任。

某個週末，我垂頭喪氣地回到家，心想難道她真的不知道我多努力工作嗎？不知道我們花了多少心血嗎？不知道項目進行地多麼順利嗎？當時我已經學會要讓心裡的小劇場有個出口，因此我找了一、兩個朋友抱怨這件事情，直到他們感

1 行銷漏斗（Marketing funnel）不同於傳統線性行銷，消費者透過網路廣告或關鍵字搜尋欲購買的商品，經過社群媒體比價或消費者使用反饋後，找出最合適的平台，最後可能會在實體店面或網路平台購買該商品。行銷漏斗從上而下的流程包括：曝光、發現、思考、轉換、顧客關係管理、顧客回訪。

到乏味；然後，我去跑步，而且還跑得飛快，幻想如果哪天自己開公司，那些「狀況外」的人永不錄用。然而，某個瞬間我開始平靜了下來，接著有了重要的突破。

同一週的週日晚餐之後，我翻了翻幾個月前某個行銷會議的筆記，心想這麼多註記，我到底該如何簡潔明瞭地解釋它？註記上有「訪客」——基本上任何來我們網站的人都是訪客；也有「待聯絡客戶」，也就是進一步留下了聯繫方式的人；還有「行銷的有效潛在客戶」，他們就相當於拿起貨架上的幾樣商品，並仔細地觀察，只不過在網頁上這麼做；最後，也有一群不斷反覆查看這些商品的人，試著決定到底該買哪一個——這就是我們所謂的「銷售上的有效潛在客戶」。我們用盡一切方法想讓前面提到的這些數字成長，但取得哪些客戶正在哪個階段的正確數據相當困難，就算用了市面上最好的自動化工具也是如此。那個禮拜天晚上，反正也沒其它辦法，我想著：「我要把這些數據全放上試算表，把數據集中一處好帶她再看過一遍。」

突然我靈光一閃又想：「不對。我可以做的更好，我可以整理出數據間的關係給她看，我不確定要怎麼簡單地呈現它，但是我要放手一搏。」在接下來的幾個小時，我發了瘋似地工作，分析數據、將數字複製、貼上以及算出不同要素之間的比例。在那兩小時內，我沒有想出任何提高這些數字的新發想，但我對那些數據有了更深層的了解，更重要的是，我找出了數值之間的關係。我不知道這是否是我主管要的，但這絕對和我接觸過的事物不同。我睡前把試算表寄給她，好奇著我會得到什麼回覆。

星期一早上，我去她的辦公室問問看她是不是看了那試算表。她看了，而且語帶激動。

「這太不可思議了！」她說，「這是怎麼做出來的？」

我罕見地害臊了起來，回答說：「我想，就是突然上門的靈感吧！」

「這解釋了一切。我終於完全明白你想要告訴我的事情，我現在可以用之前無法做到的方式去理解。謝謝你！」她說。

但這只是其中一部分，老闆開心固然令人喜悅，但是這個新的試算表和它帶來的新領悟，大大地幫助了我和我的組員們，更清楚地看見到我們想要完成的事情的輕重緩急，將每個創意項目和特定的指標或目標做連結，並以未曾有過的方式追蹤工作成果。

我們長時間持續追蹤這些指標，尤其是不同指標之間的關聯，我將此設為每週例會最優先的議程。我們單獨拉出這些數據，加強推升其中一個數據並觀察其它數據的變化。我們調整、改善、更新訊息，去除掉流程中不必要的步驟。讓數據告訴我們什麼方法可以嘗試、什麼該放棄。銷售上的有效潛在客戶果然大大地增加了，我的團隊、業務部門、和老闆都很高興，然而這還不是最驚人的部分。

我的感情生活竟然也獲得改善。我和妻子在準備晚餐時，提起了這個試算表。「跟上個禮拜相比，我們的一般訪客轉換成待聯絡客戶，從三・二％成長到三・三％。」她給我一個我很久沒有看到的眼神。「你要理解一件事：只有四％的潛在客戶來自網站的這個頁面，但有趣的是，這些人有五十％最後都下了訂單。」她漸漸笑開，而且是「非普遍級」的微笑，她說：「我喜歡你談論轉化率。」以前，我這輩子都以為自己的價值在於想法和文字，但現在我重新認識到自己也是個精通數字的人。這很大程度地改變了我的人生，若非執行長要求我擔起責任，這一切都不會發生，她並不是要我擔起犯錯的責任，而是要我為過度依賴強項，而牽連到團隊和目標負起責任。

追蹤試算表上的數據——感覺好像我在那些數字中埋頭苦幹了好幾個月——

是我身為專業人士的職涯中，目前為止做過最困難的事情。每天我都和自己拉扯，抗拒想要回到「發想」模式誘惑，阻止自己稍微放鬆、讓雙手放開方向盤，回頭去提新發想的本能。即便我一直致力於個人成長，但倘若我的執行長始終放任我用自己的方式行事，我也不會有這麼大的轉變。儘管短期內我們都感到不自在，她和我的團隊都跟我一起堅持下去。他們不斷提出問題，挑戰我們的假設，並好奇這些數值表達出什麼。我的主管把幫助我成長視為當務之急，儘管有時我們私下的關係是如此複雜和艱難，但我知道她這樣做是想先幫助我成長，然後才是輪到工作。

一旦我有了轉變——我作為發想者的優勢不再遮掩我在數字上的劣勢——我的優勢才又成為了優勢，我不再依靠它來避開那些令我不自在的事物，這不再是個具有隱憂的優勢。數字和指標成為一個框架，在這個邊界內，我作為發想者的優勢得以更加專注和有效地體現出來。這樣的認可和個人轉變來自傑出的問責能力。優秀的問責能力其實就是有勇氣去要求，讓為你工作的人有責任感地運用自身優勢。

學習將問責視為助人掌握優勢的工具，而非只是指出他們的弱點，這就是成為優秀領導權威的核心。要達成這個目標，首先，需要以在這本書所讀到的方法來改變世界觀，而從中獲得好處的直接經驗，會刺激我們作出改變。我們作為領導者的工作就是讓團隊看見改變所帶來的個人好處，專注於他們和工作之間的關係，以及這樣的關係如何套用進他們人生中的其他面向。當周遭充斥著對公司文化和員工／主管投入的質疑和困惑時，這樣的問責機制才能帶領我們走到事件的核心。

在逐步說明如何將問責的新模式付諸實踐前，我們應該花個幾分鐘探討問責在你的組織中會如何作用：在員工發展週期中，問責有很大的機率會來不及產生，導致我們稱之為「自燃式管理」（spontaneous management combustion）的行為模式。

這行為模式看起來像這樣：你雇用了一個人，你希望能填補團隊的缺陷，大部分的時候——撇除少數真的找錯人的狀況——他們起初會表現得很不錯，但同時你也看見了他們的限制，有時候這要花上幾個月，但通常不用這麼久。有些是技能上的不足：你期望員工懂的事物，他們並不全都理解，這雖然的確是個問題，但透過額外的在職和職外培訓就可以解決，不會是影響團隊和整體公司文化的主因。

更嚴重的問題是員工和工作之間的關係，更明確地說，是當他們連自己有所匱乏都不知道的時候，如何對這個挑戰做出反應。以下幾種行為模式你也許看過，這些行為模式代表著你的員工正在迴避踏上成長的下一步：掩蓋或不理睬犯錯的嚴重性；囤積數據；創建只有他們知道如何使用的系統或程序，來凸顯自己的重要性（其實就是瓶頸）；訴諸捷徑而非提出問題並尋找根本原因；總是要求比說好的還要更多的資源和時間來完成項目，而非找你討論問題癥結並想辦法一起解決；放任組員或不同部門之間的矛盾滋長，而不請教你該如何處理。

當你缺乏出手干預的技能，無法指出這些失常行為來幫助員工成長，那麼這些問題就會惡化並擴大。在採取實際行動、四處打探找答案前，你就會開始懷疑這個人是否適合這個位子，你聽見團隊成員對此有些小怨言卻選擇置之不理，你希望被大家喜歡，希望在人們眼裡善解人意又體貼，所以你就先擱置了這件事情。但情況變得更嚴重了，你把這件事情帶回到家裡，向另一半抱怨，直到另一半也不想再聽了，你也跟朋友們發牢騷，還與其他經理人們討論這件事情。在這同時，團隊都在接收你的負面情緒，開始納悶你到底看到了什麼但不願說出口，然後就在某個瞬間，沉寂了這麼久，自燃式管理出現了：你的挫敗感終於爆炸開來，而且還發洩在員工身上。也許是直接利用嚴厲的懲罰性言語或行為，也有可能用間接的方式，例如分派他們不想要或是不重要的案子，或是很快地否決掉他們的提議，這些舉動對員工來說是很莫名其妙的。

該干預時不干預，在很大程度上影響了團隊和公司文化，因為每個人都在觀察彼此被對待的方式，讓員工看見有人被追究責任，並不會因此拖垮團隊或導致最優秀的員工離開，反而是看見你不去追究責任才會如此，而且之後還被冷凍、降職，直到最終被解雇，連明確的反饋和成長的機會都沒有。

作為經理人，你很難從自燃式管理中恢復，即使無意如此，你也很可能破壞了原有的良好關係。

問責的目的是避免這種循環，團隊中的個人和行為問題發生的當下，就要盡可能提點出來，你的目標是避免極端型的問責——不要太柔軟、也不要太強硬，學習問責能力的精髓需要時間，因為我們並不習慣在工作中進行這個新型對話，這種對話其實並不是針對個人，即使你一開始也許會這麼想，但請放在心上，就如同這本書不斷談論的，問責的目的不在點出一個人的弱點，而是協助人們完全掌握自己的優勢。

良好的員工發展更加注重人們的本質和人們彼此的關係，而較不重視工作項目、專案和交件日期。這個對話不能等到季度考核才進行，尤其當改變的時機成熟時，就算是週會做都已經太遲了。最理想的狀況是當員工到職的第一週就該開始執行，直到他離開你的團隊才結束。你的目標是創建一個以指導、問責和支持為常態的世界。在下一個章節，我們將告訴你達到這個目標的步驟。

第九章　微型管理再想像

「愛」有時想好好幫我們：
把我們整個人倒吊過來，再把亂七八糟的東西通通甩掉。

——波斯詩人　哈菲茲（Hafiz）

大多數的人提到問責就想到懲罰，心想：「糟糕，我完蛋了」。小時候，我們從師長、父母、還有其他權威人物，第一次體驗到什麼是為自己的行為負責，這體認往往伴隨著恐懼和焦慮。問責常是以提高音量和公然罰責的形式出現，不過那時還是孩子的我們，通常感受到的只是背後的焦慮，擔心自己好像做錯事了。等到我們變成員工、經理人、主管，不管是問責還是被要求擔起責任，我們也把孩提時的經歷帶進成年生活了。

不久前我和一位企業主通電話，他對自己的團隊工作表現怨聲載道，例如，犯些草率的錯誤、對客戶不夠盡心，彼此的溝通也常是雞同鴨講。另一方面，他又告訴我，他在問責這件事上真的很強。如果你有機會當職訓師或導師，碰到輔導對象談論自己的長處（或弱點）時，可以捫心自問一下，有沒有可能反面才是真的。要說到長處，自己往往就是全世界錯得最離譜的裁判，包括我在內。

「好吧，我們先來釐清一下用語，我只是想確認你說的問責和我說的是不是同一回事。所以……他們的工作表現如你所說得這樣時，會有後果嗎？」

一陣很長的靜默。

「欸，呃……也不能說有啦！等一下，你這是什麼意思？」

在接下來的對話過程裡，我幫助他了解到他只是「嘴」上談兵，而非執行實質的問責以及將問責概念灌輸到公司文化。他毫不隱瞞地說，他在家裡和三個孩小也在糾結同樣的問題，然後自顧自地反省說，解決職場上的這個問題所帶來的幫助，可能遠比他原先想的還更多。如果願意用正確的方式來看待問題，工作和家庭的糾結之處就能找到連結。工作並非獨立在生活之外，反而佔據了我們大部分的生活，就算你一年內就想離職了，我們每天和工作的相處方式都是自己的，是現在、是目前、是此時此刻。

這位企業主的狀況凸顯了一個很容易忽略的關鍵要素：身為經理人，少了實際行動，話說得越動聽，份量就越輕，而既有的問題也不會好轉，只會越來越糟。如同第二章麥可和父親的故事，問責是面深邃的鏡子，立意良善是遠遠不足夠，多數的經理人都是一片好意，一般來說，父母、師長、還有其他小時候碰到的權威人物都是如此。但善意並沒有使我們不怕惹麻煩，也沒讓我們不去學習閃避權威，或者在我們被抓包時不感到尷尬或羞愧。儘管從大方向來看，這「良善」的權威只是想幫忙。我們都想讓自己看起來很厲害、很有創意、很努力，當自我形象受到挑戰時，尤其是已經經營好一陣子的形象，真是一點也不有趣。

如同所有根深蒂固的行為模式，若想改變，有個可依循的結構作為支撐很可貴。雖然結構和方法不能代替我們處理情緒或梳理有問題的人際關係，但可以幫助我們把問題的框架找出來，進而一步步解決；還能幫我們避開想在一夜脫胎換骨的陷阱，也能避免在力不從心時產生的不必要失敗感。此外，既然我們和問責的關係很大程度上是受到童年經歷影響，這些人不是對我們太嚴苛，就是不夠嚴（兩者在長大成人的過程都大有問題），所以，我們需要盡可能的一切幫助。

問責轉盤

「問責轉盤」（The Accountability Dial）能幫助你找到最佳的中庸位置——不嚴也不鬆。技術操作的部分，剛開始熟悉的階段別太操心，第一次閱讀時請先抓感覺，晚點再回來研究細節。專注在較微妙的元素——速度、語調轉變、如何讓界線緩慢卻確實地變得更實在，且又不因界線遺失個人關懷。若能將這套方法學會並融入管理風格，團隊成員於公於私都會把提升防衛心的機會最小化，那麼他們成長的機會也就因此獲得最大程度的提升。

這轉盤在此是個線性的過程，不過別太照本宣科，大可針對當下的情況客製更合情合理的對話。它更像是一張房屋的藍圖，但在進入個別的房間之後，設計會隨著實地狀況改變而跟著更動，不過你還是掌握了房屋最終設計的大方向。

問責對話需要結構，這也是問責轉盤存在的「**原因**（why）」。人們微觀行為的總和則是「**內容**（what）」，包括隨著時間所觀察到言詞和行動，但當下基於不同理由決定不介入。利用轉盤來逆轉這個行為模式——也就是主動介入看似微小實則不然的事情，預先拔除潛在的問題。你愈早介入，對方起防備心的機率就越低；你的回饋越即時、具體，對方就越容易接受並從中學習。

若要堅定執行問責轉盤所有的階段，就必須把腳步放慢，因為你會在指摘稍縱即逝的行為，也因為你指導他人的方式會比大多數人在職場、甚或私人領域所經歷的方式，更具針對性、也更講究方法。這時候你可能會想，但那不就是微型管理嗎？差別如下：微型管理針對的是任務，而問責針對的是關係；微型管理源自於焦慮感和對犯錯的恐懼，問責則源自於好奇心和助人成長的欲望。這也就是為什麼問責對話會是你公司文化改革計畫的核心。

最後一提：隨著使用轉盤的技巧漸趨成熟，團隊成員生活的重要主題（那些讓他們在職場和家庭都有所保留的行為模式）也會一一浮現。請記住，就算知道是什麼行為、也有意識想改，想改掉根深蒂固的行為模式絕非易事。因此，你還是得走到轉盤的下一格或兩格，才能幫助團隊成員克服挑戰，即便你和成員對挑戰為何有完全的共識。例如，你可能會覺得「對話」（稍後會學到）很有用且很必要，你在「邀請」引導成員該注意的內容，要經過「對話」才能變得更清楚，也提供更多的脈絡。身為導師，你必須設想只是發願改變並不足夠，就算發了誓也一樣，這對你自身來說也如此。我們都需要壓力，也需要有人從外頭幫我們維持熱度、幫我們扭轉局面，不要讓我們忘記或逃避問題，雖然我們有時很想逃開，但要知道吃苦就是吃補，成長來自挫折。

問責轉盤第一格──提及

轉盤上的第一格是「提及」（Mention），這技巧可察覺目前還不是問題，但將來可能產生問題的行為。轉盤的第一格，請用溫暖開放的態度來觀察，你對於發生的事情有所推論，但請別先認定自己就是對的，「提及」的目的是把問題先擱著，讓團隊成員來自己調查。以下是「提及」的幾個例子：

- 「待會要發的電子報有幾個錯字，你看到了嗎？」
- 「一個晚上湧進這麼多故障報修單，有特別要注意的嗎？」
- 「你這禮拜看起來有點不知所措，怎麼啦？」

上述這些例子有個共通點：都是可以略過的小事。電子報有錯字也不是世界末日（我得坦白，我用了很多年才參透這個道理），科技產品本就會出錯，才會湧入大量的電子郵件；還有，誰不是三不五時就覺得不知所措？提及這些事並非想在傷口上灑鹽或是要微型管理，而是為了讓那個你想拉一把的人，能夠在第一時間感受到你的價值和標準，你在用「提及」的技巧向他展示：（一）講究細節是照顧自己和他人的方式之一；（二）測試和辨識既有模式之所以重要，因為這就是創新的來源；（三）這世界無論如何庸庸碌碌，他們都在為一個在意他們的人工作。

我們繼續往下談之前，得花點時間說明哪些狀況不是「提及」。「提及」不是特地請人坐下來談，這樣太快就把一個小觀察當一回事了。「提及」不該反應過度，別用強烈的語調或以各種方式打出「我才是老闆」這張牌。「提及」是種回饋，很可能、也應該發生在辦公室走廊，貌似不經意地脫口而出，還要避免讓其他團隊成員不小心聽到。這不是把團隊成員叫到辦公室裡談，但若能在早早安排好的會議裡，湊巧補上一句：「等等，還有一件事……」，那就會很完美。

出聲「提及」就算跨出第一步了，接下來請靜觀其變，看看團隊成員會怎麼反應，如果他們馬上跟進提問，那很好，但如果他沒立即反應，也不要以為他們沒在聽，他們也許需要一點時間消化你說的話，進而激發對未來其他可能性的好奇心。

在你做到「提及」之後，快速檢視以下幾個問題，這階段就算完成了。團隊成員有多認真聽你的話？他回應時是先找藉口還是企圖推卸責任？他的回應有讓你發現更多問題嗎？這個階段什麼都不是定論，也什麼都不用解決，你只需要用觀察力和覺察力，通盤了解目前的狀況和過程中的每一步。然後放下，繼續度過這一天，給自己時間緩一緩，確認自己不會把挫折和憂心帶進下一次的對談，或是走回辦公室的肢體語言。請記得，你的團隊每分每秒都注視著你，判斷下次挺而走險會有多安全。這不是要你庸人自擾，反之，他們有在關注最好，因為你若以最佳狀態現身，他們也一定會看到。

在「提及」階段，你要做到的是撒下一粒種子，但要不要澆水百分之百由成員自己決定，而且也不能讓他們覺得需要為了你去澆水。你會希望種子發芽成長，希望他們產生好奇，主動跑來找你聊聊學到的事物，或來問問你、尋求更多的協助，進而培養需要加強的技能或能力。給個一、兩天，若有什麼事件值得回頭看看，那就一定會再出現，而做到「提及」，你和團隊成員會更容易發現這些事件。如果你能至少再說出一個值得回頭的實例，就算不算行為模式，也八九不離十了，這時該是走到「邀請」的時候了。

問責轉盤第二格——邀請

你已經試過「提及」，但想幫助的對象並沒有自己跟進，問責轉盤就來到了「邀請」（Invitation）。「邀請」是要加大強度，但稍微就好，差別就像「請進，過來坐坐吧？」和「請坐」。「邀請」應該是在辦公室或其他私人空間進行，而進行的步伐也要盡可能的小，把在「提及」裡發現的行為講出來，再往前一步，劃出大概的底線，之後若有需要，可以劃定這條底線。還有，最重要的是，你得提些問題，試探並點燃成員的好奇心。

「邀請」和「提及」的作法有些微妙的差別——「邀請」是語調改變，並非另外加進新的詞或新的內容。「邀請」的語調會傳達出像：「前幾天我隨口跟你提的那件事，看來你可能忘了，我只是想確認，你知道那件事對我來說還不算解決。」在「提及」時，你刻意不使出權威，你希望對成員來說，僅僅是「老闆說話囉」，就足以引起他們的好奇，進而採取積極行動。然而在「邀請」時，你仍是在根據需求動用權威，不過用到的總是比想像的少。

當轉盤調到「邀請」，就是在要求成員檢視在「提及」裡，你要求他們檢視的相同行為，但差別在於你鼓勵他們更主動地去思考情況。以下是從「提及」轉到「邀請」的例子：

- 「記不記得前幾天我說過電子報有錯字？剛剛你副本給我的那份銷售組備忘錄，又有一些錯字。這樣的出錯頻率讓我有點擔心。你是不是太草率了？」
- 「你還沒跟我說那些故障單的後續，都解決了嗎？我這幾天才想到，上次說過之後，進度到哪了？」
- 「還會覺得不知所措嗎？你看起來好像還是有點煩躁，不過也許是我多心。好點了嗎？還是更糟？」

你或許能在每個例子都發現到一件事：那就是你站在「脆弱」（vulnerability）的位置說話，你表達所見所聞的方式透露出擔心與些許的焦慮。如果他們能針對你指摘的事件做出改變，這對你至關重要，你甚至可以指出這些事件的脈絡——讓他們知道你「小題大作」的原因。以下是可運用的描述方法：

「我之所以強調這點，是希望你能在我的小小反饋上花些心思，更仔細一點去聆聽，這聽起來很像我在雞蛋裡挑骨頭，但真的不是。我這麼做是想把更多的責任和自主權交到你手上，但也只有在我能放手，去相信事情會按照說好的處理，我才能把這兩樣東西交給你，所以請試著以這樣的前提來聽這些反饋。我的工作就是要問你問題，點出你所看不到的，或我覺得很重要但你覺得還好的瑣碎事項，但這都是為了幫助你成長。而我也需要這樣的反饋，我們大家都需要，懂我的意思嗎？」

轉到轉盤的第三格前，我們把前述其中一個案例作延伸，看看「邀請」更完整的版本，假設以下是「提及」：

你：「你看起來有點招架不住，需要幫忙嗎？」

團隊成員：「對呀，但我想只是一時之間太忙。我還可以，多謝關心。」

「沒問題就好，我相信你一定會處理好，要幫忙的話我都在。」

現在，假設你等了幾天，團隊成員沒再提起這件事，但事情好像不但沒改善，甚至還變得更糟。他們工作時還是一副頂不住的樣子，也沒來向你尋求協助。

這時，你可以用以下的方法，從「提及」進展到「邀請」：

「我想和你再聊一下，我之前說過你看起來有點招架不住。你沒再提過這件事了，但好像還是很不對勁。最近幾天你像無頭蒼蠅一樣到處轉，我有看錯嗎？」

「你沒看錯，我快爆炸了！」

「你覺得為什麼會這樣？我是說，我相信你說的情況確實如此，但能不能再描述詳細一點，到底發生什麼了？」

「我手上的事情太多了。專案太多、時間太少。」

「好，我懂那種感覺。那接下來你打算怎麼辦？」

「好問題。你知道嗎？我覺得我需要坐下來，重新把事情的優先順序排好，現在每件事情感覺都是急件。」

「聽起來是個好的開始，你之前試過這麼做嗎？」

「說實話，有——不過只撐了一小時，之後我又被工作淹沒了。」

「謝謝你這麼誠實。我能給些不同的建議嗎？」

「當然，我洗耳恭聽。」

「這樣吧，按照你的計畫先小坐幾分鐘，不過別急著把什麼都想清楚，看看能不能換個角度思考問題，像是：『找誰來幫我才對？或者，我需要團隊成員做些什麼或不做什麼，才能減輕我現在的負重感？』」

「我以前怎麼沒這麼想過，我已經想到一件事需要幫忙了。我會試試看這個方法。」

「太好了，我也很好奇你會怎麼做。」

現在你完成了「邀請」。就在剛剛讀到的例子裡，這位成員經過你的指導，似乎準備好大顯身手了，如果真是如此，那就太好了，在下次的會議上，你可以請團隊成員報告他們的發現並給些建議，也可以就你的方面做些調整。不過，如我們剛開始所說的，這類的行為模式——這些隨著生活發展成形的習性——不容易打破。若「邀請」已經做了，行為模式依舊不變，那麼就得走到下一步：「對話」。

問責轉盤第三格——對話

現在我們來到問責轉盤的關鍵一格——「對話」（Conversation）。目前為止的鋪陳都為了這一步。「對話」之所以關鍵是因為它會導向成功或失敗道路，這個結果仰賴的是你和員工的努力，若是成功，個人和專業上就會有戲劇化的突破。若是失敗，那可能要準備分道揚鑣了。進入「對話」時，你不會知道自己在哪條路上，當然，這正也是開啟「對話」的理由。就在此刻，你會把「最高領導力」的技巧徹底發揮出來。

有鑑於轉盤上「對話」的關鍵位置，下一章「完美對話」談的都是對話的延伸，看看落實「對話」會是怎麼一回事。下個章節中，我會重點介紹一些該練習和注意的要素，而在你運用轉盤前幾天或幾個月就該知道這些要素。大部分的時候，「對話」就像字面上的意思，你會安排三十分鐘的面談，雖然實際上用不了這麼多時間，但仍要先把手上的事情都儘可能地處理好了。摒除所有的干擾，就只專注在這一段談話、這一個人身上，做個在乎他人的人。

轉盤上的這個位置要做到恰到好處，有兩大重點要到位。第一，保持心態上的支持，收到頂頭上司的批評壓力很大，尤其那批評還轉向到更個人的領域，無關特定技能差距或技術錯誤，而是你怎麼產生那差距或錯誤的。你的員工需要感受到你真心地與他們站在同一邊，這番對話的目的也不是要懲罰或羞辱他們，而是要幫助他們成長。「對話」之前，善用「提及」和「邀請」是做好支持的一部分。

第二，保持做法上的平衡，別一個人攬下所有的狀況。多數經理人都避免「對話」，害怕團隊成員一不開心就辭職。你腦袋裡的聲音會說：「他們手上的事情這麼多，如果一下子走人，我要找誰收尾？」這時你只需記著，如果你將和團隊裡的某人「對話」，那表示他的行為模式早已大大影響到團隊其他成員（就像第四章的雪洛兒），你如果不冒險出手，讓員工看清現況，進而超越現況，誰都不可能贏。如果有的話，跟同儕聊聊，也可以和你的上司一起研究（或者是導師、職訓師等等），讓他們知道你即將進行這樣的對話，也很擔心對話的走向，也可找位同事來角色扮演一下，優秀的經理人不會什麼事都自己來。

也許你想先跳到下一章，然後再回頭看轉盤上的最後兩格，但無論怎麼做，繼續往下讀之前都需要重整一下。現在我們走進了員工發展中傳統的部分——也就是觀察期、降職、革職——不過脈絡卻非常不同：不要看成是必經的官僚步驟，而是某人在生命中的關鍵時刻，能夠破繭而出的一次機會。

問責轉盤第四格——劃界

如果「對話」——包括後續談話和讓成員解決問題的時間——沒有改變狀況，就必須採取更具決定性的動作——「劃界」（Boundary）。這時候也許你感受到的不僅是一點挫折了，專案可能推延了，同事也開始好奇你怎麼等這麼久，可能還感受來自你的上司的壓力了。不過，還不到放棄的時候，這個過程還有幾個步驟，跟著往下走，不管結果如何，你自知盡了全力幫助別人成長，晚上就可以安心入眠。

準備好要「劃界」時，你心裡就應該有底，團隊成員若是不同意你開的條件就必須走人。你會有場嚴肅且認真的對話，席間你會要求他的行為必須在短時間內有具實質意義的改變，你要清清楚楚地讓他知道，不改掉這些行為就不能繼續做現在的工作。不過這並不代表他一定會被解雇，有可能是被降職或職務重整——只要處理得當，也有行得通的時候，但他目前的工作恐怕是保不住了。處在這個位置是身為經理人困難的部分，但有時非做不可。

請記住，或許你對於目前情況的嚴重性瞭若指掌，但那位成員可能依然毫無頭緒。「劃界」像是一記當頭棒喝，就算你目前為止的動作都很到位，對方仍會覺得這一記來得太過突然，在不失焦的情況下，請把這個可能性放在心上。你需要就當下情況自訂界線，以下的清單能提供幫助，在結束「劃界」的面談（也許不只一次）之前，請確認下列所有回答都是「有」：

1. 你有沒有再三確認，該員工也同意他有所指摘的行為模式？
2. 你有沒有給該員工至少三個實例，足以讓他試著做出改變？
3. 你有沒有向該員工強調，他的行為對團隊其他成員造成的影響？
4. 你有沒有給該員工解決問題的最好建議——也許是你過去解決類似問題的技巧或秘訣？
5. 你有沒有保持溝通管道暢通，讓該員工知道問題雖然嚴重，但仍有改善空間？

6. 你有沒有就該員工後來幾天的進展，安排後續的評估會議？
7. 你有沒有訂出明確的日期，讓該員工知道你預期那時看見改變的時程？

問責轉盤第五格——設限

做完上述的幾個步驟，就來到「設限」（Limit）的時候了。走到這步很可能代表這個團隊成員在公司的「大限已近」。「設限」就是字面上的意義，是你協助這位員工挽救頹勢的最後嘗試，因此這時需要你特別的關照。被炒魷魚的人不管在財務上還是心理上，都承受著巨大的打擊，這部分你通常幫不上什麼忙，不過要記得把眼光放長遠，這至關重要。回想一下自己離職或被革職的那些工作崗位，再想想那之後發生了什麼事，然後再想想朋友、家人、以前同事的類似境遇。儘管短時間來看，那段日子真的很糟、也非常恐怖，但長遠來看，被資遣（或看到佈告欄上的人事公告後離開）通常都會是正面的發展。

別的先不管，對這位員工來說，這份工作在他目前的人生階段並不適合。「設限」以及革職（如果走到這一步的話）在運作良好的組織是日常的一部分，所以請多放點關注在這個步驟，這不只是員工的學習機會，也是你和你的同儕經理人的學習機會，這能帶你重新檢視當初招募和培訓的過程。

「設限」的對談應該要簡短，花五分鐘可能就夠了，這個階段不應該留有問題和討論的空間，該說的早就都說過了，你如果發現自己起了防衛心或需要多做解釋，那很明顯表示你跳過了前面的某些步驟。假設你準備好要「設限」了，聽起來會像這樣：

「我一直在為你加油打氣，期盼這一個月你能有所改變，雖然我也不樂見這個狀況，但我實在沒看到什麼成果。我知道你想改變，有哪些行為需要改變你自己也都說了，我也知道你有試著去實踐，然而，就是有東西阻礙著你，我不知道是什麼，但我也沒辦法一直等下去。我希望你能利用週末的時間，好好地問問自己：『我真的適合這份工作嗎？』『有沒有我更想做的事情或更想待的地方？』『如果不考慮薪水，我會做什麼？』我知道聽到主管提出這些問題很詭異，但你捫心自問並誠實面對自己的答案，根據我的經驗，這兩件事其中之一會發生：你在我們一直在談論的事情上，有了重大突破，如果是這樣，我隨時洗耳恭聽；或者，無論出於何種原因，你會明白現在該是我們互道珍重、分道揚鑣的時候了。要不要這個週末花點時間好好想想，等到星期一再把這話題劃上句點？」

再次見面的時候，他帶回來的訊息就足以讓你決定下一步該怎麼走：再給一次機會，還是完成這程序、著手進行革職的手續？不管決定是什麼，相信自己的直覺，同時願意犯錯。這就是管理的博大精深。

現在既然知道了問責的五個步驟，何不就分享給團隊成員呢？沒有理由要保密這個程序。一旦把問責轉盤描述給遇到困難的員工聽，你會驚訝地發現，他們立刻能看見自己的問題在哪個階段，而他們需要的或許就是透明度，好去了解日常生活的微小時刻，實際上有多麼重要！

這麼做值得嗎？

我可以想像很多人心裡會問，這真的值得嗎？表面上看來，問責轉盤是個大工程，依照過去經驗，也會覺得過程中未免給人太多次機會，還很浪費時間。我最後想用以下的一則小故事，來說服你這是筆值得的投資。

我決定把詹姆士辭退了。我之前任職於一間軟體公司，詹姆士是那家公司的菜鳥業務助理。這是好幾年前的事了，當時還沒發明轉盤，也還沒有你讀到的那些步驟，但這就是我未受過任何正式訓練，跌跌撞撞、摸索出來的程序。在一個月的時間內，我和詹姆士一起度過了整個程序，最後決定請他離開。幾天後，在我家附近的一間餐館，碰到公司的一位軟體開發人員，也是詹姆士的朋友，在隔壁部門工作。

「嗨，強納森。」

「嗨，安柏，遇見妳太開心了。」

「我想跟你說一聲，我知道讓詹姆士離開是個困難的決定，但我覺得你做得很對，我也覺得你們那麼花心思幫助他這點很酷。這些年來，我在公司看到其他的經理人也在做同樣的事情，我覺得這充分展現了公司文化。雖然很難過，但，……不知道。這也很現實。」

「謝謝，安柏，很高興妳能這麼看待這件事。這是我工作中最糟糕的部分，我希望我永遠不用辭退任何人。但妳這麼覺得讓我很開心，我今晚會睡得好一點。」

你雇用的每位員工都想做到最好，他們都希望能升職、賺大錢，發揮更多的創造力，對世界有更大的影響力，然而，並非總是如此。有時候，不管是對個人，還是對團隊來說，你能做的最好選擇就是讓他們離開。但這樣做之前，為什麼不先窮盡所能試試看呢？從大方向來看，多這幾週會怎麼樣？如果，到頭來，你的所作所為向團隊其他成員展現了你有多想幫助員工成長，那不就是個很值得爭取的勝利嗎？

第十章　完美對話

愛在今天，
別拖延
立刻送上你的愛。

——美國歌手　史蒂夫・汪達（Stevie Wonder）

就像在第九章說好的，本章要來談問責轉盤第三格「對話」的例子。這段對話結合了我和一位執行長凱薩琳所做的角色扮演練習，以及之後凱薩琳與她的業務副理梅芮迪絲的實際對談。就像書中其他故事一樣，我更改了人名和細節，但談話內容是取自實際情境，讓我們看見一套普遍的主題。表面上，這是凱薩琳在梅芮迪絲的團隊所察覺到的問責機制缺乏，她追蹤了好幾個月後，知道這不是偶發事件，而是已經成了既定模式。她看到梅芮迪絲把別人的工作攬在身上，忙於修正別人的錯誤，過程中把自己弄得精疲力竭。凱薩琳稍微用了「提及」和「邀請」把問題搬上檯面，但這模式不只還在，更來到了臨界點——從團隊士氣、顧客投訴等等諸多方面顯露出來。

下面這段對話能討論的有很多，而在前面幾章就已強調過對話不同的元素，之後的章節也會繼續強調，現在先試著理解，想像自己就在會議室裡。第一次閱讀時，把自己想像成梅芮迪絲，重讀第二遍時換成凱薩琳。對話結束時，你會知道「剛剛是怎麼一回事？」我們會從中挑出一些關鍵時刻做分析。

以下是「對話」：

「梅芮迪絲，我知道我們一直在用不同的方法討論，但我發現妳的團隊還是有問責上的問題。妳有注意到嗎？」

「嗯，是……有一點，好沮喪啊！」

「好的，我相信妳……我也很沮喪……妳有沒有更深入地思考，為何情況都沒改變？」

「我覺得我們需要一些更好的程序，讓標準更清楚點，我想這樣會很有幫助。」

「好的，某種程度來說確實沒錯，那些事情總是好還可以更好……但妳認為有沒有其他原因，可能會造成這種情況？」

「我不確定，但我覺得我花了很多時間在和團隊說要對工作負責、別粗心犯錯及多關心客戶等等，也許是哪個環節出錯了。」

「有可能，但我們別去想誰對誰錯。現在先試著正本清源，事情才能有所改變，好嗎？」

「好的，是……我想我只是太緊張了，因為我知道最近的情況又更糟了。」

「聽妳這麼說，我就放心了。我看到事態每況愈下，一直在想妳有沒有發現我所看到的事情，妳能想像我的心情嗎？」

「哇，是喔……我從來沒有這麼想過。對不起。從現在開始，我會早點來找執行長報告。」

「好的，感激不盡。不過，我們來看看能不能再談更深入一點，行嗎？我認為這樣互動也能幫助到妳，好嗎？雖然我還不確定是什麼，但我們得一起挖掘，我的經驗告訴我，別人帶著問題來找我時，我也能從中學到經驗。妳準備好了嗎？」

「當然，我的意思是，我不確定會有什麼結果，但當然。」

「好，那麼，先從我們知道的開始。首先，我們知道——或至少，我們都同意——團隊的問責機制出了問題；再來，我們也知道，雖然系統和程序還有進步空間，但還算到位，會做事的人也都有依循根據。目前為止還可以嗎？」

「可以。」

「好。那我們就暫且假設還有別的什麼……某種背後的原因……會是什麼呢？」

「說實話……我覺得我不太善於要求別人負責任。」

「好！這就對了。非常謝謝妳願意對我敞開心胸，這很不容易。要求別人負責真是件苦差事。所以，多告訴我一些，『不善於』又是什麼情況？」

「我覺得我終究還是幫他們做太多了。通常只要他們有做到一部分，我就會覺得『很夠了』，然後把剩下的帶回家做。」

「這是很棒的自我覺察。好，現在想像一下妳是他們。我知道很難，因為這妳不擅長——妳擅長精準和專注——但妳要是他們的話會怎麼樣？」

「哎呀！我猜我會開始變懶惰，我會覺得不用做得太好，因為梅芮迪絲會幫我收爛攤子。」

「好的，我同意……我想我們步入正軌了。目前為止感覺如何？我知道這對話很痛苦，但可以再繼續下去嗎？」

「天啊，可以。老實說，這就是我這輩子一直在糾結的事情。談得越多、我越發現我和老公、朋友都是這樣，老天爺！我覺得這問題無所不在。」

「梅芮迪絲，這是個重大的時刻，而且，依我的經驗，這就是關鍵。當我們能夠開始做連結，開始看到自己的行為（或許無辜）對別人的影響，那就是走在真正改變的路上了。還有妳知道嗎？」

「什麼？」

「我也一樣。」

「什麼意思？」

「我這輩子也在糾結同樣的事情，現在也是一樣。我想要人家喜歡我，我擔心自己不在的時候別人說我什麼，我選擇自己解決問題就好的自在，而不去接受挑戰、幫助別人成長，次數多到數不出來。但是，這幾個月來我一直在努力克服這點，也開始看到事情有所轉變，這也是我覺得自己可以對妳大言不慚地說出這番話的唯一理由，因為我不會拿自己沒做的事情來要求妳，但時間若倒轉回三個月前，就不是這樣了。」

「我好感動。我是說，從來沒有一位主管會和我說這些，謝謝妳的分享。這讓整件事變得更真實，而且不知為何充滿可能性，這是未曾有過的感覺。」

「我很欣慰，我們繼續往下吧。」

「好的。」

「那麼，我再問一個問題。先假設妳說得沒錯，妳扛的責任太多、團隊負擔的要比應該來的少，這是行之已久的模式。我的下一個問題是：妳是什麼感覺？」

很長的停頓之後，她說：「說實話，這真的很難。我覺得茫然，不知道該怎麼做，不知道怎樣才能讓他們改變這個情況。我覺得自己就像小狗整天追著尾巴，卻又永遠都抓不到。」

「好，不過我的問題有點不一樣。先不要去想團隊，不考慮工作。我知道這些話從我口中說出來很怪，但相信我……我們就快理清楚了。妳老是要追著團隊成員的工作狀況，他們才能達到妳要求的標準，就妳個人而言有什麼感覺？」

「很糟。我一個禮拜有一半的時間是哭著睡著的，另一半則躺到天亮。我很想和你談這個問題，但，唉，我實在不能失去這個工作。」

「沒有人會丟工作……梅芮迪絲，尤其是妳。我懂那種恐懼，但我是來告訴妳，妳害怕的事不會發生，我們現在之所以有這段對話，就是要讓妳下班回家後感覺好一些，當然，我也想晚上睡得更好！……而且我認為，團隊的成長空間還要靠妳來開啟。」

「我？我怎麼能做到？」

「好的，那我們回到原點。如果妳今天扛下太多責任，團隊成員自然會做太少，妳把責任比重倒過來，看看會怎麼樣？如果妳開始少做一點，我再教妳怎麼有效率地這麼做，妳覺得會有什麼樣的結果？」

「老實說，我想有些人會做不到。我粗略地看一下，團隊裡大概有一半會接受挑戰、勇於改變，但另一半，我們就必須找他們『談談』，這樣有可能會失去一些人。」

「我非常同意，梅芮迪絲，但有一點要注意：我們倆其實都不知道誰會在哪一半，因為——這責任在妳、也在我——我們作為組織，給予他們的挑戰根本不夠，發現不了誰會在哪一半。」

「我不知道該怎麼挑戰他們。」

「很好！這就是了，梅芮迪絲。妳知道，如果妳進行一件對自己重要的事，會讓妳的生活變好，過程中也能讓團隊的生活更好嗎？」

「是沒錯，但感覺那樣很自私。我的意思是，如果我不知道該怎麼做，難道不該去找其他會做的人嗎？」

「我如果跟妳說，我也不知道該怎做，那怎麼辦？」

「什麼？」

「我說真的。如果我跟妳說，我也不知道該怎麼做，我不知道怎麼讓事情圓滿達成，但我就是鐵了心要做？」

「我會說，妳真的很勇敢。」

「妳這麼看也行。但梅芮迪絲，我感受到更多的是痛苦，我不喜歡太去擔心這裡的每一個人，也不喜歡去擔心客戶怎麼了。還有，認識妳的這五年來，我發現到妳犧牲太多個人生活，我想幫妳解決這個問題，對我而言，這比每月獲利達標還更重要。這樣妳明白嗎？」

「我不知道該說些什麼，只覺得很感謝能有這樣的對話。我知道自己還有很多事要修正，但把事情攤開來談過後，我感覺終於能稍微喘口氣了。」

「我完全懂妳的意思，這也是我最近在認識的自己。真正讓我發瘋的不是問題、也不是挫折，而是我一直隱忍，沒能挑明去討論問題和挫折，更不相信只要我願意冒險，就會有解決的辦法。認清這件事情對我個人也有很深的影響，我不是在說自己是專家，我也才剛開始抓到一點訣竅，但我想讓妳也能如此，我們可以一起成就一些大事。」

「這很有啟發性，我們的團隊會很希望聽到妳和他們多談點這件事。」

「是啊……我想妳說得對，也謝謝妳這麼說。我的確需要多和他們談談，他們也需要從我這裡聽到這件事。我來想想怎麼開始會比較好，妳如果找到適當時機會跟我說吧？」

「我一定會。」

「好，那我們來幫今天收個尾。下星期繼續，還是妳想早一點？跟我說一聲就好。不管怎樣，我們來總結一下現在的狀況。妳來做好嗎？」

「好，我來試試。所以說，團隊沒做好各自分內的事，或至少有人沒做好，原因多半是我讓他們這樣做的，我讓他們可以規避責任。我如果學著追究責任，那就會創造更多空間，讓他們去執行本該執行的任務，把壓力放在他們身上、正面的壓力，讓他們承擔起自己的工作。還有，我們必須和團隊裡每個成員一起進行，就像妳現在這樣指導我一樣去指導他們。對嗎？」

「完美！說得很好。我想最後加上一點給妳。在我看來，我們其實並不是在談職場或談個人，而是談職場、也談個人，這是妳從生活中學到的行為模式，每個人都會有自己的版本，這行為模式解釋了妳個人如何與工作以及其他人做連結。我想指出的是，破除行為模式的個人挑戰，會以影響職場的方式顯露出來。從我的角度來看，這就是段對話的基本原則，說到底，妳要怎麼解決這個問題與我無關——儘管我會揭盡所能地提供幫助——但妳確實有在解決問題才與我有關。我的工作是要督促妳做出改變，不用急著一天就脫胎換骨，但是要緩慢、穩當地改變。這樣可以握手約定了嗎？」

「可以，我就只說一句，很高興妳伸出援手。對我來說，很多事情都會因此改變。」

「好，算我一份。那我提議接下來的六週，我們每週約談一次，我希望妳開始想想計劃，有可能是大事，但最好還是小事，是妳可以一小步、一小步開始把責任交還給他們的事。好嗎？」

「好，就這麼做。只要我想清楚該怎麼做，之後應該會寬心許多。以前總是聽到『以身作則』這四個字，也許現在機會來了。」

「沒錯，但具體一點，妳要怎麼以身作則？」

「因為我正在學習如何督促自己對改變負起責任！如果他們看到我正在改變，或許會感染到他們。」

「沒錯。我要說的是，這不僅會感染他們……還會啟發他們。妳知道為什麼嗎？」

「啟發他們？不……不明白。」

「梅芮迪絲，妳覺得妳的團隊了解妳嗎？他們知道妳是個會攬下太多工作，然後把自己累垮的人嗎？」

「我沒想過，不過是吧……我想他們知道。有時候他們會說『妳應該去渡個假』之類的話。」

「好，這先放在一邊。想像一下妳知道我有個瓶頸，假設妳知道這瓶頸好一陣子了，是我難以根除的行為模式，然後妳突然見到我在改變，妳會作何感想？」

「我會覺得，如果她能改……那我也能。」

「梅芮迪絲，在我看來，這立場不就都轉過來了嗎？我的工作就是要為了公司的每個人改變，而這也是妳的工作，但我們尤其要為了直屬下屬做改變。」

「在這工作變得更有意思了。」

「酷吧？我們在個人層面下功夫的事情，和拚命想達到的外在結果，其實都是直接綁在一起。如妳所見，我用了新的方法聚焦個人與職場間的互動，我們就一步步走下去，會一起走到目的地的。我們做得到的，好嗎？」

「好的。」

「還有，梅芮迪絲？」

「什麼？」

「謝謝妳。」

剛剛那是什麼情況？

我們先標出這段對話的關鍵時刻，然後再拉近看在這過程中，凱薩琳是如何運用「最高領導力」裡的原則。

1. 請留意凱薩琳開放式的起手式，以及用詢問而非直接下定論的方式，提點梅芮迪絲是否與她注意到相同的行為。
2. 凱薩琳並沒有駁斥梅芮迪絲提出的解決方法，例如強化系統等等，不過她持續把焦點放在脈絡／文化問題上。而「強化系統」這個回答本身就是很常見的潛在錯誤，許多領導人雖然知道問題沒這麼簡單，但仍會就此打住，選擇員工提出的解決之道，避開往下挖掘可能引起的不悅。
3. 她花時間去拆解制式的用字遣詞：「『不善於』又是什麼情況？」
4. 她花時間去重構，讓梅芮迪絲覺得這段對話是進展，而非懲罰或讓她開始自怨自艾：「……但我們別去想誰對誰錯，現在先試著正本清源，事情才能有所改變，好嗎？」
5. 凱薩琳得知梅芮迪絲明白問題的嚴重性後，坦承自己鬆了口氣，如此赤誠公開的方式讓梅芮迪絲知道，梅芮迪絲認真看待問題，對她非常重要。

6. 凱薩琳不斷把談話從問題的內容導向脈絡，從簡單或快速的解決辦法，傾向更深層、更有系統的解決之道——這也是前章「說到做到」的關鍵要素。

7. 她基於和梅芮迪絲的相處有了推測，但沒直接說出來，而是用盡心思一步步引導她：「我還不確定是什麼，但我們得一起挖掘……」。

8. 凱薩琳運氣不錯，因為梅芮迪絲來和她談的時候，對問題就多少有些掌握，並沒有起防衛心（用「提及」和「邀請」有幫助）。換個角度，她若起了防衛心，凱薩琳就必須先退一步，花更多時間來陳設這段對話。

9. 凱薩琳會一再確認——「到目前為止感覺如何？」——梅芮迪絲不會覺得對話一下子跳得太遠、太快。

10. 梅芮迪絲「恍然大悟」就是成功的時刻了，她把自己在職場與其他生活層面上的行為模式做連結：「談得越多，我越發現我和老公、朋友都是這樣……」。

11. 關鍵時刻：凱薩琳向梅芮迪絲揭露了自己的弱點，說出自己的問題，她給了梅芮迪絲參考模型，讓她知道如何和團隊進行類似的對話：「這也是我最近在認識的自己。真正讓我發瘋的不是問題、也不是挫折，而是我一直隱忍，沒能挑明去討論問題和挫折，更不相信只要我願意冒險，就會有解決的辦法。認清這件事情對我個人也有很深的影響。」

12. 當凱薩琳說：「……妳老是要追著團隊成員的工作狀況，他們才能達到妳要求的標準，就妳個人而言有什麼感覺？」是要讓梅芮迪絲察覺，不管是上班還是下班，她的做法都會讓自己感覺很糟，還有職場問題的解決方法，也能處理個人難題。

13. 請注意大方向：即便討論的是個人主題，也要保持專業，一切都和工作有關。凱薩琳和梅芮迪絲是在討論「個人」層面，可以談心情、談淚水（或憤怒等），但不是談論「私人」生活或家族歷史，而凱薩琳也沒有要和她一起消化那些情緒，在工作會議上討論那些，就算是越界了。

14. 對話快結束時，梅芮迪絲承認她不確定、也不知道自己會怎麼做，請注意這時候凱薩琳的反應是「太好了」，這句話強化了她的領導文化，她要找的不是全知全能、獨自就能搞定一切的超級英雄，而是像《星際大戰》裡像尤達一樣的經理人。

這段對話之所以如此成功，是因為凱薩琳願意且警覺地待在脈絡裡，不強出頭，她讓簡單的答案來了又去，不去羞辱或批評，她把自己的角色定位在正確提問的人，而非擁有正確解答的人，她也保留了空間，沒有塞滿個人意見和命令指示。換句話說，凱薩琳有能力不去改變梅芮迪絲，而是與她一起參與改變：將自己完全交給當下。她給了梅芮迪絲所需的一切，但又讓她自己完成蛻變，如果有人用這樣的方式和你對話，不覺得很棒嗎？

3

第三部分

當尤達，不當超人

第十一章　尤達出列，超人退位

告訴我，你打算用這僅此一次瘋狂又珍貴的生命成就些什麼？

——美國普立茲獎得主　瑪麗・奧利佛（Mary Oliver）

電影《超人》有這麼一幕，超人神救援之後，他坐下來確認被救的人有得到教訓，他下次就不必奔波救人了，還記得嗎？「那麼，露易絲，我們來回顧一下昨晚發生的事情。妳又跑去那家廢棄工廠，視而不見寫著『惡棍當道，閒人勿近！』的牌子，執意獨自走進去。妳能不能好好跟我解釋一下，是怎麼做出這個決定的？我擔心妳太習慣我會在最後一刻出手，變得行事不經大腦。妳知道我在說什麼嗎？」

《超人》當然沒有這一幕，《鋼鐵人》或《雷神索爾》或其他超級英雄的故事裡也不會有，因為那般場景只會打破超級英雄的神話。多年前我在母親的基礎心理學課堂上分享另一個版本的超級英雄神話，那錯誤的信念，灌輸我們人身價值與權威建立在解決問題、實現目標的能力，但你若想改變自己的文化，並創造讓人擁有自主權的條件，你就是要直視心中的超級英雄神話。經過多年觀察，這些內在的超級英雄有三種常見形式，我在下一章「能者、戰士或朋友？」會做深入的探討。在此之前，我想分享職業生涯的某個片段，那時我察覺自己出現前述風格之一的輪廓：「戰士」。

幾年前我還在某顧問公司擔任行銷部門主管，當時有幾項產品由我們負責行銷，其中一項重點商品是職訓師培訓專案，上市沒幾年，在業界還算新穎。我們一直希望能將觸角拓展到新的受眾，那些完全不認識我們，這些年來也不在通訊清單上的人。當時我們該做的行銷手段都做了：提供最佳實例的實戰部落格，當作資源庫給職訓師搜尋新技術，舉辦免費的教育網路研討會，還有可下載的工作表格等等。

大家都覺得這項專案有潛力吸引更多人，但我們也還沒用最清楚、最有說服力的方式傳達專案內容，我覺得可以再做些什麼把檔次提高，卻不知道確切手段為何。靈感乍現那刻，我召集整個團隊開了一整天的創意會議，這個計畫很直白，我們找了一天，每個人都把行事曆清空，鎖上隱形的門，好好來天馬行空一下。我的團隊非常厲害，能在創意和實用之間做到極好的平衡，我有信心，大家一起集思廣益一定能激盪出很棒的點子。

電子郵件寄了，行事曆調整了，日子也定好了。整個團隊包括我在內，都很期待有這樣的創意空間，能將日復一日、雞毛蒜皮的例行公事擋在門外，在現代企業環境要從例行公事抽身是很困難的。一週過去了，在大日子來臨的前一天晚上，我躺在床上準備要入睡，但是，腦袋就是不聽話。

我在床上翻來覆去好一陣子。為什麼這麼擔心？難道是怕一整天下來白忙一場嗎？我們計畫做得夠周全嗎？突然，砰的一聲打到我了。問題根本不在會議本身——這會議計劃得夠周全，與會的人也都恰如其分——除了一個人。我腦海裡的聲音說：「你不應該參加那場會議」。

「什麼？」我回應，理解上慢了半拍，但腦海裡的聲音非常會推銷。

「是你自己一直在說團隊很優秀，多有創意，多聰明、認真。那現在你是在表達他們沒你不行——會議少了你的點子就成不了事？你不覺得這樣有些自大？」砰，好痛。

凌晨一點，我試了幾次都沒辦法睡著，乾脆起來做點什麼讓自己放寬心一些。我傳了封訊息給組裡的兩位資深經理人：「兩位，計畫有點變動，我知道這消息來得有些突然，但我不會出席明天的會議。避免大家對此有疑問，我想跟大家解釋原因，所以會議前十五分鐘我會先做說明。至於明天，就由你們兩位帶頭，好嗎？」我隔天早上第一件事就是找這兩位見面，沙盤推演一下並確定他們都理解了。我看到他們臉上都閃過一絲焦慮——「如果他沒來，我們就做不來了怎麼辦？」——但因為即將到來的大好機會，這絲焦慮感很快就被他們寫在臉上的興奮感取代了。

那天下午一點，我電話響了。他們午休暫停會議，去附近找些東西吃。「強納森，你有時間過來幾分鐘，看看目前的進度嗎？」我從電話的背景聲就知道一切進行得很順利。他們一步步跟我解釋一些線框稿（他們想象中新網站的架構草稿），以及瘋狂地邊做邊修的會議筆記，還有計畫完成時間的估算。我原本預計新網站從設計、架設到測試，會需要兩個月的時間，但是他們把網站規模加大許多，並不是他們想要多做，而是他們想把更多的時間花在細節上，包括用戶點閱網站的體驗、微拷貝，所有能將平凡的網站體驗變愉悅的事情。

「這網站要多久才能上線？」，我屏住呼吸問道。我的團隊信心滿滿地說：「六週以內」。他們錯了，結果他們只用了四週多——很大程度是因為他們的靈感像病毒擴散一樣。他們從其他部門招募人才，向這些人解釋這項專案如何為他們帶來好處，解決了研發人員對我們的線上平台整體穩定性與靈活度的擔憂。

我要說的不是我沒有參與到過程，而是我做了職業生涯中一直很想做，卻到那一刻才做到的事情，那就是在創意的發想（點子、定位、視覺概念），我退位了。我相信他們能想出的點子，會比我自己能想到的還更好，我開始身體力行自己反覆說的話——我停止擺出「沒人像我一樣用心」的樣子。在接下來的一個月，我利用空出來的大腦空間，提點他們專案過程中的種種挑戰，但關鍵在於：現在這些是他們的挑戰、他們得克服的障礙、他們要贏得的勝利，都是他們自己的。我在大方向上仍有發言權，如果他們偏離正軌了，我也隨時能干預，但他們沒有。不僅如此，專案成果遠遠超出了原先訂出的目標，而且，雖然網站發佈前仍需加班、熬幾天夜，最後一刻也出了一些小錯，但我們一路走來都相當愉悅。

我沒有出席的會議隔天，某位團隊成員敲了敲我半開的門。

「我只是想來說聲謝謝，關於昨天的會議。」

「不客氣，我想……我什麼也沒做……你們的點子非常出色。」

「哦，不……你錯了。」他說，「你不在的時候存在感反而更強，我們都覺得你在，支持著我們，從頭到尾。」

腦海中那煩人的聲音，原來就是那個認為我們唯一可以貢獻的方法就是擁有答案，並將自己奉獻給目標的聲音。

讓我們花一分鐘來回顧，那段時間我做了什麼。如你所想，從發想會議到新網站之間並不是一條直路，接下來的那個月百轉千迴，有決策要做，也有妥協要斡旋，還有原定計畫的資源分配要修正。另外，雖然團隊間沒有大吼大叫，但難免出現一些激烈的爭論和較小的緊張與摩擦，團隊步調很快，成員有不同的行事風格、獨特的個性，每個人的職涯階段也都不一樣。在那段期間，我決定把自己定位在該計畫的「個人層面」資源。

「個人層面」就是我所謂帶領團隊、幫助團隊成員的尤達層面，我自己也還在學習怎麼做。想想原版的《星際大戰》電影在沼澤地的場景——對話、訓練、整體氛圍——就會知道我說的感覺了。尤達做的是開啟並確保一個讓路克學習的空間，他在路克願意聽的範圍內分享智慧，給路克各種挑戰，也知道路克必然遭受外在的失敗，因為他要路克追尋的是內在。而且，最後尤達還讓路克自己決定是否準備好對抗達斯・維達，他不確定路克有沒有準備好，其實他非常確定路克還沒準備好，但是，在「最高領導力」的最佳時刻，尤達選擇相信結果，並尊重路克的抉擇。

更廣義地說，關於管理和領導他人，尤達要教我們的是他沒有做的，而不是他做了些什麼。他沒給路克答案，心理素質也夠強，能忍住不出手救路克，放路克一個人拚搏；尤達也沒有要當路克的朋友，安慰他一切都會沒事，或者頒給他一面獎牌獎勵他的努力；在路克掌握訣竅前，尤達不會去救路克，讓他免於失敗的痛苦；尤達沒有大呼小叫或罵路克是白癡。簡單來說，尤達就待在他身邊，把最好的自己投資在這個年輕人身上，然後靜觀其變，他對路克的潛能自有定奪，但他也有智慧知道，得讓路克自己發現那個潛能，不然這一切都是白做工。

如何與團隊成員一起實踐這些想法？我當時並沒有用以下方式思考，不過現在回頭看，我做了四件很明確、也很有策略的事，你也可以從這裡往下進行：

一、確保行事曆有足夠的空位，沒被一個接一個的會議塞滿，如此一來，有人到辦公室找我時，我才有時間和腦袋好好傾聽。

二、堅持每個人每週都要和我單獨會談，即使——特別是——他們覺得那週應付不過來。因為多年來我學到的是，當我們說自己應付不過來的時候，背後通常有什麼是我們不知該怎麼做，又怕請人幫忙的事。

三、維持和其他部門主管的積極溝通，以確保各部門和我或我的組員都在正軌上，這麼做的目的與其說是保護我的組員，不如說是保護我們好不容易開展出來的創意空間。

四、最重要的是，我提問而非解答。以下是一些例子：

「我不確定。你怎麼看？」

「如果我不在這問你，你會怎麼做？」

「如果冒險一試的話，你怕哪裡會出錯？」

「我們一直在談的長遠成長，和你正在掙扎的事情有什麼關連？」
「你如何照顧自己，不把自己累垮？」

另外，和往常一樣，促成改變的不是問題本身。我看過許多經理人比照上述辦理——話是說對了，但不是發自內心——結果適得其反。領導工作得自己做，誰都代替不了，這些提問就會在日常生活中很自然地出現，而不是像管理罐頭文那樣突兀，儘管這要比過去的版本更具啟發性。當然，用字遣詞固然重要，但他們知道你是怎樣的人更重要。

超人的恐懼

以下是我故事裡最後、最重要的部分。如果我讓這一刻聽起來很雲淡風輕，那麼請容我澄清，一切並不容易。要我把內在的超級英雄退位，抑制我身為創意人的優勢、我策動事物的能力、我斡旋資源的能力，直到那天為止，我二十年職涯所仰賴的一切，根本是地獄。那天早上，我等著看他們在沒有我的情況下會想到什麼點子，兩隻大拇指緊張到不停撥弄，反覆檢查郵件，還要故作鎮定，這不是因為我擔心他們會做不好，而是害怕他們做得太好，那我怎麼辦？

他們如果沒有我也能做好，那我的價值又是什麼？若不需我所具備的長處，為什麼還要給我這麼高的薪水？我是不是恰巧把自己搞到完全可以被取代、可以被拋棄的地步了？我等不及讓你也來體驗一下這一刻，不是因為我是虐待狂，而是因為在養成「最高領導力」的路上，這是第一個重要的里程碑——你陷進領導絕境中的存在危機了。別擔心，這沒有聽起來的那麼慘。

這第一個大利多是：超人吸引大量媒體關注時，尤達有更多的時間休息。超人工作時數太瘋狂了，隨時都在跑來跑去找電話亭。沒錯，他做了很多神救援的工作，但他也削弱了很多人的力量，他不知道如何在屋裡留下足夠的氧氣讓別人成長，就像我原本也不知道。現在我能回首笑看自己在職涯中逞當英雄，反而創造出事與願違的結果——或至少沒達到原本該有的結果。正是救人或試圖救人的行為，削弱了其他人的力量，這些行為讓他們故步自封，讓他們打安全牌、原地等待，更促使他們對自己說：「我不一定要挺身而出，因為他／她不管怎樣都會殺出來拯救世界。」

脫下披風

從超人變尤達關鍵轉折始於「接受」：那帶著你走到現在的優勢，已經成為你的限制了。你把事情做好、策動工作的能力，不計個人代價都要達標的動力，這些都不再於你個人、團隊或組織適用了。一股腦兒地衝去當英雄並不值得，或者應該說，衝去當短期的英雄並不值得，因為幫助別人成長、幫助他跨越多年的障礙，也可以是英雄事蹟，只是這種英雄比較低調，不會上報紙，但如果你有點像我的話，這會成為你每天最有意義的部分。

從另外一面來說，你的這些特質——對達成優越成果的意志力與熱情——正是可以帶給團隊成員的禮物。你可以藉由收斂這些特質，來為他們創造空間，好讓他們摸索出屬於自己的特質。等待，才是最煎熬的，這不會在一夜之間發生，在你證明自己強大到足以抵抗跳進來的衝動前，團隊成員還會繼續期待你跳進來一陣子。

如果你需要動力，請仔細看看團隊成員的臉。在友善的對談、閒聊、現狀氛圍的背後有什麼，你能看到他們被操得有多兇、工作有多賣力、手上的事情已經有多少了嗎？再回到你的個人生活，當你說出「我如何讓他們像我一樣在乎？」這類的話語時，聽聽心愛的人的嘆息聲吧。每位企業領袖內心都存在著某種形式的超級英雄，我沒碰過誰是沒有的，而你內心的超級英雄，其實就是阻礙你實現夢想的自己。

在搞懂這些道理以前，我一直不知道自己在當超人，我以為我只是在做份內的工作而已。但我漸漸察覺，我體現的特定超人類型是三種領導風格原型裡的其中一種，我們會在下一章討論，屆時你會看到，每個原型都有各自的爆走優勢。藉著發現自己獨特的超級英雄風格，冒險將披風脫掉，騰出空間讓別人超越現狀，這就是在盡一己之力改變公司文化，更進一步改變團隊成員的人生，而你的人生絕對會因此有所改變。

第十二章　能者、戰士或朋友

都甩掉。

——美國歌手　泰勒絲（Taylor Swift）

有時光是「出現」都會削弱他人的力量，這是扮演領導者角色所暗藏的挑戰之一。無論專業背景為何，讓你扶搖直上的力量都極可能變成負擔，一方面是因為人們非常容易屈從權威，但另一個可控因素：只要你是帶頭的人，不管你想不想，你的意見佔的空間就是比較多，你的言行舉止份量就是比較重。這不一定是壞事，除非有人因此被削弱力量，失去發現自己聲音的動力。

在上一章，你聽到我在自己身上察覺到「戰士」原型的故事，也許從中看到些許自己的影子。但還有另外兩種原型，「能者」和「朋友」，或許你覺得更接近自己。在深入討論之前，我們先來澄清一下用詞，特別是為什麼我選擇「原型」（archetype）這個詞。這個詞有多重意義，但我指的是：集體傳承的、無意識的想法、思考模式、意象等等，普遍存在於不同的個體。

我喜歡這個詞的原因是它很具體，同時又很有彈性。這個詞所描述的事物是觸碰得到，而且很明確、禁得起說理，但同時，各種「原型」之間又有彈性，我們可以在不同原型之間遊走，也許還發現自己不只有一種原型。最重要的是，原型有陰暗和光明兩種特質，每種特質都有其天賦，也有因這個天賦而產生的挑戰，這正是我們必須有所警惕的地方。

這些原型的使用方式不止一種。你能發現自己有一個主導領導風格，多於其他兩種原型（比如說，我在職涯中有當過「能者」，又有時是「朋友」，但「戰士」才是我的主調）。你若是經理人，這些原型也可以是很好用的鏡頭，透過它們來審視團隊或組織，你也許決定自己是屬於「能者」，那它會指出哪些文化方面的溝通和行為是你改變的焦點，既然之前已談過「戰士」，這裡就從「朋友」開始，再一路往回討論。

「朋友」型

「朋友」型的座右銘：「大家都是自己人。」

「朋友」型的領導者大門總是敞開著，臉上也總是掛著笑容。還記得第七章的馬克斯嗎？他是很好的例子，他把「朋友」型的優點、缺點、轉變的旅程都展露無遺。「朋友」永遠有空回答問題、鼓勵陷入低潮的人，還把團隊中的每個人都當成家人一樣對待。一言以蔽之，「朋友」很好相處，一旦注意到文化問題上有什麼風吹草動，他們會立刻想辦法改善。也非常關心團隊當下的感受，若要創造這本書講述的個人文化，「朋友」在許多方面都是三種原型中，技巧最渾然天成的。再說到對等關懷，「朋友」也是要多少有多少，不過這種源源不絕關懷和寬容，從長遠來看恐怕會起反效果。

「朋友」型領導者會說，我們都在一條船上，或者常說，團隊成員都是大家庭的一份子，不過他們沒想到這些話其實很冒險。雖然想要營造一股溫暖、私人、友好、有歸屬感的氛圍是很崇高的願望，但對大多數的人來說，家庭這個詞還不止是有一點複雜，這個詞如果能喚起多少正面情緒，就能至少喚起多少的一言難盡，這個詞還構築了非常令人疑惑的混亂現實，因為沒人能開除家人，但你又必須要能夠開除瀆職的人。這並不表示永遠不要和家人或好朋友一起工作，但若員工認為問責應公平地適用於每一個人，這的確會讓事情更棘手。和某人的私交越好，也就必須用越高的標準來要求對方，這是為了彌補我們天生傾向對親近的人較為姑息的態度，這樣對別人並不公平。

這就將討論帶到了「朋友」型領導者的陰暗面：「朋友」很難維持前後一致的完美標準，基於顯而易見的原因，「朋友」被迫選擇扮黑臉或白臉時，他們傾向選擇扮白臉，這對團隊的個人以及整體文化都有嚴重的影響。在個人方面，他們往往拿捏不到明確切實的界限，以致無法了解自我；至於團隊方面，能力好的成員要承受不合理的壓力，收拾別人的爛攤子，因為「朋友」對需要施壓的人過於寬容。而能力好的成員反而會自我批判，想說：「也許是我對克里斯太過嚴格，畢竟，老大都一副沒問題的樣子。」每個人內心的對話、試著梳理所見所聞以及看法——在整個組織裡倍數擴散——才是創造公司文化的潛在動能。「朋友」總是做好人、太通融、太習慣睜一隻眼閉一隻眼，反而會創造並支持缺乏問責機制和明確績效期望的文化動能。

「朋友」主導的文化也經常發生違背直覺的事。由於責任劃分的標準和共識鬆散，懸而未議的問題需要出口，也就催生八卦和政治角力，往往就在看似快樂、正向的文化表象下暗潮洶湧。若公司文化看重的是和諧，而非誠實，人們將很難誠實以對，即使是在生活其他方面都很有主見的人，也會基於自我保護而去適應這樣的文化要求，因為這麼做總比冒著被說三道四，或被批評成「太激動」的風險要來得好，當交談變得虛假，人人都是輸家。

如同其他兩種領導原型一樣，「朋友」花太多心思在創造氛圍與擔心他人感受，也把情況想得的太正向、和樂。「朋友」的任務是避免這種傾向，少做一些積極的文化與團隊建立，借助前面學到的優點和缺點，你就會建立起了關聯。藉由轉移焦點、收斂習以為常的優勢和微觀行為，「朋友」就能為他人騰出空間，讓他人承擔起那些優勢和行為。不過我們得先說清楚：這樣的轉變一點都不容易。

「朋友」要創造心中理想的文化，就必須面對這種恐懼，大家都有這種恐懼，只是與其他的原型相比，這種恐懼對「朋友」的作用更大：恐懼自己不為人所愛。「朋友」必須願意接受這箇單卻不太好受的事實：你握有別人薪水的生殺大權，就別想他們會把你當成自己人，這就是當領導者的代價。若能真正接受這個事實，有趣的事情就會發生。你的團隊感受到你對公事有清楚的劃分和目標，他們就有了能夠按自己追尋的方式成長和改變的空間。「朋友」能因此發掘出新的專業關係，雖然不像以前友好、隨性，卻有更多的活力和收穫。

讓我們先對「朋友」領導原型做個總結，再概述他們從超人走到尤達的獨特旅程：

「朋友」的天賦：「朋友」天生關心他人，不需要別人來告訴他們專注在文化發展有多重要。他們以服務為導向，常有很深的宗教或心靈信念，而且會第一個站出來說「文化就是一切」。「朋友」珍視人際關係，會伸出雙手接住落難的人。「朋友」相信每個人都值得第二次機會，也打從心底願意給予第二次機會。

「朋友」的挑戰：「朋友」為營造問責的文化所苦。他們最大的惡夢就是被當成暴君，同情心讓他們很難去要求別人承擔看似嚴重的後果，即使實際上並不嚴重。「朋友」不想被當成壞人，反而讓團隊無法擁有「最高領導力」的其中一項關鍵元素：願意為需要改變的事情硬起來，並且去要求每個團隊成員做好「個人」的工作，讓改變發生。

「朋友」的旅程：「朋友」若想把優勢發揮到淋漓盡致，就得在工作之外的關係上多下功夫，才能減低對團隊成員的友誼需求，也比較能夠容忍伴隨領導位置而來、也無可避免的孤獨感，尤其是坐在執行長大位的人。「朋友」若想重置問責機制的內在動能，就應該與團隊成員進行權責設定的談話，把目標、角色、職責一併說清楚。而且，很關鍵的是，對所有正在認識自我的領導者來說，「朋友」要對自己到目前為止所創造出的公司文化，負起百分之百的責任。唯有承認你在創造以及延續舊共識的角色，才有權利要求別人適應新共識。

「朋友」的尤達時刻：「朋友」通常都是強大而自謙的溝通者，他們知道怎麼用輕鬆但直接的方式談論重要的事情。以下是「朋友」型領導者重啟文化對話時會用的語言，當然，這裡轉述了他們的說法：

「你們懂我的，知道我多想要讓這個地方很棒，讓大家在這都能開心一點，但我真的不知道怎麼辦才好。這只是一個例子，但目前因為這個狀況，我們已經被客訴三次了，我覺得沒人把這件事放在心上，也沒人要負責去追查到底怎麼回事，好知道該做些什麼。上班能開心很好，但前提是必須是把工作做好，知道我在說什麼嗎？」

如何幫助「朋友」：身為「朋友」型領導者的職訓師、顧問或導師，最好的幫助就是讓他們接受上位者很孤獨的事實——無論是執行長的位置或是大型組織的團隊領導人。「朋友」需要你舉出具體的例證，點出他們和團隊成員確實太過親近，不管是參與太多的會議，還是說話的語氣，或是與團隊成員社交的方式。在社群媒體時代，老闆要格外留意和員工在臉書之類的平台互加好友，造成彼此的界線模糊，這個問題太常發生了。沒有例子是小到不值一提的，幫助「朋友型」領導者找到勇氣，保持恰當的距離來領導團隊，就能幫助他們回到正軌，創造他們真正想要的公司文化。

給「朋友」的最後叮嚀：對於接手新團隊或開展新業務的「朋友」型領導者而言，以下的建議特別好用，當然這建議也適用於其他領導風格。請記住：一開始表現得酷一點沒什麼大礙，比你最終想要營造的友好形象再更正式一點、更公事公辦。隨時間流逝，你若想用自己的風格活絡氣氛，露出脆弱的一面或更透明，都會比較容易一些。反之，若打從一開始就和團隊成員稱兄道弟，之後想換種方式重新展現權威，無疑是難上加難。

戰士型

「戰士」型的座右銘：「我們何不……？」

「戰士」型領導者有取之不盡的新點子，而且這些點子還不限於發明新產品的或幫公司重新命名這類理所當然的事。「戰士」隨處都能看到點子——或者說，改進的機會——從商業模式、既有產銷流程，到客戶經驗裡最微小的時刻，通通都要精益求精。「戰士」相信任何東西都能變得更好，一定能找到切入點更接近目標。「戰士」對待工作的方式，就像米開朗基羅對待雕塑一樣：只要不屬於〈大衛像〉的石頭，全部都必須鑿掉。

這就是為什麼在「戰士」手下工作會這麼活潑有趣。「戰士」是三種原型中最渾然天成的激勵者：他們的團隊和組織都很有目的性，他們永遠在朝著下一步邁進。為「戰士」工作的人會覺得優秀的表現和創新的點子很重要，「戰士」隨處都能看到機會和新的可能，但是，終究會到了某一刻，即使「戰士」的能量還沒耗盡，團隊也很可能會油盡燈枯。

「戰士」的陰暗面在於，我們很難跟得上他的腳步或與之匹敵。這不是因為他們比其他兩種原型的領導者動作更快或更聰明，而是因為他們沒意會到自己一路上又交辦了多少工作。他們更沒意識到自己的想法佔了多少空間，而留給別人的想法就只能是較少的空間，「戰士」沒有發現僅僅因為他們的出現，就足以削弱團隊的力量。「朋友」把太多心思放在扮演社交黏著劑的角色，「戰士」則是花太多心思在發想新點子，當領導者想什麼都很快的時候，團隊就會失去自己想點子的動力，就算團隊成員有了新點子，在由「戰士」領導的團隊裡，沒人有空實現這些點子。

新想法執行起來要花很多人力物力，「戰士」並沒意會到額外的工作會影響到他人，也不知道這會把他們從其他同等重要的責任中抽離。在我作為「戰士」型領導者的大部分職涯裡，「製造工作」的元素一直都不在我的理解範圍裡。我沒意識到執行長的一個想法，很容易會衍生出五個計畫，原本埋首於其他優先事項的這十幾個人，也就連帶被硬生生拉走，更別提那些因額外工作轉換而產生的實際成本，這在現代的辦公室早已失控。

諷刺的是：當「戰士」認真聽取他人的意見，學著要去了解這些影響、改善自己的方法時，他們雖然只看到兩、三個最好的點子被徹底執行，但不會是六、七個點子全都只做一半。即使如此，克制自己把腳步放慢必須是優先任務，「戰士」一輩子都因源源不絕的創意受到認可和重視，他們幾乎沒有碰到強大到足以要求他們管好創意的人。如同我在第八章分享過，我很幸運能在職涯的關鍵時刻，有這麼一位導師幫助我做到這點。

「戰士」通常在這兩方面無法堅持到底。其一是他們雖有想法，完成度卻不高。當「戰士」走向下一個點子、下一個偉大的冒險或新科技時，團隊被迫留在原地收拾爛攤子，這會造成團隊的挫敗感，而且從長遠來看，這也會破壞「戰士」原有的啟發和激勵特質。其二是「戰士」不太做結案分析。即使他們的想法有落實，也不會停下腳步去了解、去量化結果，而這些結果更不會影響之後提出來的新發想，導致更多白費力氣狀況，而且還會惡性循環。

「戰士」的天賦：「戰士」永遠在問為什麼，不停努力精益求精。他們天生具有啟發力，通常很理想主義，還善於在別人身上看見自己沒發現的潛力。有一股讓世界更美好的渴望，驅動著他們前進。

「戰士」的挑戰：「戰士」很難把心思放在小事情上。他們不願追究到下一個小數點，不想去追蹤計畫花在時間、金錢、士氣上的實際成本，因為他們不想被轉移注意力，不想不去執行下一個點子。維持現狀是「戰士」最可怕的噩夢。

「戰士」的旅程：「戰士」的轉變始於接受世界的原貌，並學習改變是一步一腳印、持續淬煉來的。他們要自我鍛鍊出追究到下一個小數點的肌耐力，也要了解這麼做並不會犧牲創意或自我表達，反而是將其解放。他們剛開始會覺得交案期限、有限資源、現有的效率不足等考量毫無價值，不過一旦「戰士」開始轉變，就會看見這些都是藏有鑽石的資源。

「戰士」的第一步：對大多數的「戰士」而言，第一步是要和團隊一起整理過去，認清他們的風格迄今造成的傷害，並且願意看看每個人變得有多麼不知所措。聽起來會像這樣：

「各位，我想了很久，我發現步調有多快，把你們逼得有多緊。之前一直沒意識到，真的很抱歉。我知道你們有些人試著告訴我，但我都沒聽進去，我真的很想扭轉這個情況，希望大家能集思廣益，告訴我該怎麼做。我有一個想法，先說好這不是增加工作量，而是我想讓大家聚在一起思考一下，我們有哪些計畫是可以歸檔、哪些想法可以刪掉等等，把我們的收件箱全都清一清，把更多的空間留給值得關注的事情上。你們覺得如何？」

如何幫助「戰士」：給「戰士」的最好禮物是一位很強的問責夥伴。那可能是資料驅動流程和優化能力很強的經理人，或是有著鋼鐵意志的職訓師或導師，在「戰士」心意浮動時加以約束。無論他是誰，他的能量都必須和「戰士」不相上下並且相輔相成，他能贏得「戰士」的信任，並引導「戰士」更有效地將他的能量重新定向。要求「戰士」負起責任做到「後退一步」，在其他人想到的點子和作法前，要持續「後退一步」。這樣就能幫助「戰士」達成夢想：也就是去建立創意導向的團隊，在創造偉大事物的道路上不怕冒險，勇於面對未知。

給「戰士」的最後叮嚀：「粒度」（Granularity）是你最好的新朋友。別心急，花時間慢慢將問題拆成各個組成零件，接著再將這些組成零件拆成更細小的零件，找出這些零件相互之間的既定模式和連結。如果組成順序改變會怎樣？完全刪除步驟三又會怎樣？理解的程度越細，你的發想最終擁有的力量就越大。

能者型

「能者」型的座右銘：「靠人不如靠己。」

「能者」會是大家熟悉的原型。留到最後是因為這些年的文章談的都是「能者」。三種原型中最容易被誤解的就是「能者」——這些領導者和經理人照料的是微型管理的層面，他們的世界是一個接著一個的任務，劃掉工作清單上的事項，以及揪出別人和自己的錯誤。「能者」在每件事情完成前一定親自檢查，整天在把工作修整到完美，也會滴水不漏地處理他人視而不見的小問題。「能者」可以修好任何他們覺得有瑕疵的東西，這天賦一旦被釋放，「能者」就能走向領導的正軌。因為和其他兩種原型相比，「能者」天生具有更多處理細節的技巧和關注力，他們可以說就是卓越的化身，也就是說，只要他們能不去阻擋別人追求卓越就行了。

在一群領導者的聽眾中，我只要用一個問題就能釣出「能者」。「你們不覺得很扯嗎？每次你們都要跳下去幫忙團隊解決問題，要是你們當時不在或根本沒出手，不就什麼做不了了？」這時「能者」就會立刻現出原形（讀到這裡的「能者」就不會現形了），你會聽到「對，就是這樣！」的抱怨聲或「我命苦啊！」的嘆息聲此起彼落，他們會說：「我還能不懂嗎……要是能找到和我一樣這麼重視卓越的人才就好了。」

「別自欺欺人了，你們這些人！」當然，我是用開玩笑的口氣。「其實是你們都喜歡當英雄！喜歡跳出來解救大家。」整個空間會充斥著心照不宣的笑聲，這是一種任由自己被看穿的笑聲，也是一種解脫的笑聲。「能者」在解決問題的當下感覺很好，因為這搔到癢處，幫別人解決問題讓他們覺得很有價值、很重要、很有用。「能者」的關鍵轉折會發生在看清自己佔用了多少空間的時候，而這種佔用空間的方式和「戰士」與「朋友」一樣，只不過「能者」並非試著做社交黏合劑或發想黏合劑，而是想用「卓越」黏合大家。問題是他們的標準實在太高，以至於時間一拉長，團隊成員會連嘗試達到這些標準都放棄。

「能者」的天賦：「能者」是專業人士的極品，各行各業的翹楚。他們會花時間把事情磨到最好，他們會為了顧客的體驗，用盡最後一分力氣，或者在指導員工的時候，耐著性子把意思解釋清楚，因為所謂的在乎，在他們眼裡就是如此。「能者」會因細膩的經驗而感到開心，也會特意地把這樣的喜悅傳遞給他人。雖然他們經常得學習耐性，但他們是有能力指導、訓練、激勵他人，讓他們得以達到大家所追求的卓越標準。

「能者」的挑戰：從另一方面來說，這種程度的在意常讓「能者」見樹不見林。他們太忙於糾正錯字、給發牢騷的顧客回電話、重複檢查所有的事情，導致他們很難抽身從大方向著想，也造成他們對於無法理解或沒經歷過的事情，很難感同身受。當「能者」不注意的時候，想控制和命令的慾望會蒙蔽他們，領導團隊時，看不見更雜亂卻更個人和更人性的元素。

「能者」的旅程：「能者」的領導風格想要有所蛻變，就需學習放下過多的掌控慾。他們要學的不是放下點子王或激勵者的角色，而是需要放下那負責全公司品管大小事的角色。

「能者」的第一步：「能者」若要從超人變尤達，需要新的體驗，從事工作外的事，體制內或體制外的靈修皆可，好處比其他兩種原型來得更多。「能者」要走的路徑是回歸自我，給自己兩週沒手機的假期，放縱自己去好好愛自己一下，例如下班回家前先去按個摩。以下是「能者」準備好改變時會做的宣言：

「我下個月會有幾個星期不在，到時候我不會帶手機，所以離開前，我們花些時間確認各位是不是該有的都有了。老實說，這對我來說會很難，但走這一步是想讓你們知道，我對自己說的話有多認真……我相信就算我不在，各位也能把事情處理得很妥當。各位都有很好的判斷力，有時比我願意給予肯定的都還要好。這是一小步，希望這一小步能給這裡騰出更多空間。」

如何幫助「能者」：「能者」需要有人要求他們運用策略性思維。管理或指導「能者」時，你常會覺得需要把他們的手指，一根根從方向盤上扒開，這麼做的時候，還請面帶微笑、保持輕鬆。另外，每次這麼做的時候，都要讓他們知道原因，記得要提醒到他們，剛剛打算親自處理的事，到底原本該誰負責的。請不斷提醒他們，每一步走得離「能者」越遠，就代表離「領導」越近。到頭來，他們會為此而感謝你的。

給「能者」的最後叮嚀：忍住，不要看。說真的，剛開始不去看一定很難，但請找機會阻止自己去關注別人的工作。將自己從電子郵件的副本發送名單中移除，鼓勵你的團隊互相留意、檢查，而不是有事就找上你，退出有關流程或執行的會議，多留點時間給大方向。不要掉進陷阱，以為做完清單上的事後，有的是時間做策略性的工作和思考大方向。

不管你是哪種領導者原型，「能者」、「戰士」還是「朋友」，別用它來當作自我批判的工具。未來，當你思考到這些概念的時候，請記得領導力不是終點：而是過程。我們每個人每天都會學到一點關於我們是怎樣的人，未來又想成為怎樣的人，而今天能做些什麼，才能更接近我們想成為的人。還有，無論你是「能者」、「戰士」還是「朋友」，若有疑惑，秉持「少即是多」的原則總是對的。

第十三章　五種員工原型

直到放下治癒過去的重擔，我們的優勢才真的屬於自己。

這不是我們平常會想到的事，但在組織中任兩人之間只存在三種關係。回想辦公室裡的情境，你會看到：（一）他們是你的下屬；（二）你是他們的下屬；或者（三）你們是同儕（你們無法命令對方）。我希望人人在高中時期就能學到與權威互動角力的基本知識，我們為什麼會根據對方的角色，運用不同的方式與對方往來？又我們該如何禮貌地質疑權威人物？由於我們對如何以合宜的方式與權威人士往來有了基本誤解，才造成現今職場的許多問題。簡言之，合宜的方式意即以彼此當下的共識為前提，捍衛自己並勇於表達自身感受的能力。

如同在討論朋友型領導者原型時所見，許多領導人以共享辦公空間、「我們都是自己人」的訊息等等，試圖將組織的階級架構扁平化。一旦你當上了主管，你就無法「不像」主管，朋友型領導者不能接受這個事實，也就無法活用這個事實。另一方面來說，許多員工由於自我賦予權威（self-authority），不知道如何與主管往來，也不知道如何主張自己的感受而不越線。身為員工，不論對自己的觀點有多熱忱，你必須接受主管承擔著你沒有的焦慮與擔憂，而他看到的資料也與你看到的不同。

花點時間盤點你的職場關係，捫心自問以下的問題，像是「在哪些關係中，我是主管但作為卻不像個主管？」和「在哪些關係中，我是下屬，但作為卻不像下屬？」以及「在哪些關係中，我是同儕，但我的作為卻像主管或下屬？」學著去了解每種關係的階級結構，並不會損害創造力與個體性，反而使其有空間發揮，藉此人們能夠暢所欲言，不須在隱晦不明的組織政治之中求生存。清楚的現行組織架構表加上團隊討論，能釐清非常多的文化挑戰，遠多於你所想的。

這些互動角力——特別在經理人與直屬員工之間，反之亦然——所有的精彩就在這裡。直屬的管理關係是最緊繃、最具挑戰性也是職場上最親密的關係——親密指的是主管將會知道你的習慣與怪癖，你生活中的其他人很少能這般了解你。如果你身處在組織架構中的廣大中間階層，你不是執行長，也不是第一線面對顧客的員工，你就同時身處於兩種職場關係中，而且如此的互動角力會多線進行，你的主管不止一人，而你也是多人的主管。更複雜的是，與其他同階級的經理人，你們彼此又是同儕關係，而他們各自都還有自己的角力斡旋和酸甜苦辣。

簡言之，在現代組織中，經理人處於最複雜的人際關係角色，在許多方面比執行長都還要來得複雜，這就是為什麼本章節經理人與團隊領導人讀起來，會尤其感到心有戚戚焉。上個章節檢視自己是「能人」、「戰士」或「朋友」的過程，讓每個人受益良多，但接下來你學到的五種員工原型，將會幫助你更加具體地指導團隊成員，並達成更大的職業和個人成果。

在繼續進行下去之前，我想先談談我擔心的兩件事。我很猶豫要不要收錄本章與「能者、戰士和朋友」，因為我擔心這兩個章節所介紹的人格分類系統，可能被用來歸類化與去人性化，我看過這情況發生在許多其他同類型的工具上。我希望你將本章節作為幫助團隊成員個人成長的資源——並且也幫助自己。換句話說，千萬不要錯把理論架構當真實情況。我最後決定將兩個章節都收錄其中，而但書是：使用本章節的內容請務必小心謹慎。有任何關於如何應用本章節內容的問題，歡迎寄電子郵件給我。

我擔心的第二件事則是過度簡化本該是相當複雜的情況。複雜性有兩個面向，首先，你會發現團隊成員並不只符合五種原型中的其中一種——如同大多數的領導者並不只是能者、戰士或朋友。運用這些工具中你認為適用的部份，其他的就先放下，要相信儘管現在放掉一樣重要的元素，之後需要時還會再回到你的面前。複雜性的第二個面向在於兩個系統的交互關係，例如，身為團隊領導者，你發現自己最符合「能者」的特質，但在你與主管的關係中，你則是扮演「挑戰者」的角色。

到底哪種原型能幫助你在職場成長呢？當你身為領導者時，使用能者、戰士或朋友的系統，而當你看著桌子對面的下屬時，請使用五種員工原型。能者、戰士和朋友的系統是幫助你理解**「當」**權威者的方式，而五種員工原型的系統則是幫助你理解**「擁有」**權威的方式。

五種原型

問責是一種個人過程。當一位有助益的導師和當一位逼迫他人接受超乎今天能承受的成長範圍的主管，只有一線之隔（明天情況可能會很不同）。你若考量大家與權威人士互動時的種種包袱時，都會想逃走並把員工發展的機會留給其他人，這都是合情合理。五種員工原型提供不同思考架構，你將學到讓團隊裡每位成員承擔自我成長責任的方法，引導團隊成員展現長才，而非強調弱點。

團隊每位成員進入辦公室時，都帶著獨特的個人經歷、深信的價值、個人苦痛，以及希望與夢想。在不磨掉任何人獨特、美好人性特質的情況下，我過去幾年觀察到五種行為模式，每種模式都是我職涯中形形色色的人所構成的複合體——替我工作的人、我替他工作的人以及與我共事的人——這些也是我擔任導師和職訓師的這些年來，經理人們和執行長們所驗證的行為模式。

當你一一閱讀這些原型時，試著從中找到自己的定位。不要太快分門別類，細細思考哪種原型讓你想起哪位團隊成員，也想想你的主管，甚至可以想想私生活中的人們。觀點越寬廣，套用原型於團隊成員時，展現同理心與關心的可能性就越高，也越願意設身處地去面對團隊成員。這是我們唯一能開始成長的地方，也最能避免故態復萌的可能性。

實用主義者

沒有任何一種原型比較好或比較差，但一般來說，比起其他原型的員工，實用主義者面對主管的挑戰最得心應手。根據自身經驗，他們認為權威本就沒什麼不值得信任的，他們生命中可能早就有了厲害的導師人物，也許是善於引導鼓勵的父母親，還正好是用了對的方式。

實用主義者的強項在於執行發想和企劃，而且不會有不必要的插曲。他們知道埋頭苦幹、完成工作的方法，也很有條理，關心團隊成員的感受與挑戰，也尋求妥協，享受與不同類型的人一起工作。他們特別喜歡有創意的人，有創意的人所冒的風險讓他們深受啟發，並且在這些人身上見到他們想成為的人。他們知道自己能夠幫助有創意的人更腳踏實地，並且能更實際、更快速地落實發想。

每種原型都會遇到挑戰，而實用主義者的挑戰，即是他們所習慣的互動方式的反面。實用主義者願意努力完成工作，為他人挪出空間並且找出大家都可以接受的方式，通常會因此降低了個人意見的價值。他們在團隊會議時通常默不出聲，聆聽而非插話，這雖然是令人讚賞的特質，但也帶來相當大的侷限性。他們就算不同意權威人士的想法和計畫，也不太會表現出反對的態度，讓沉默隨著時間累積成憤恨。他們能察覺邏輯上的缺失、缺乏效率之處，對於如何把事情做好，私底下也很有想法，但卻不公開分享。

幫助實用主義者的最佳方法是挑戰他們，實現隱藏的強項。雖然這聽起來不太像問責，但要幫助實用主義者，就得停止認可他們已經很擅長做的事。他們不需要更多的讚美說他們多準時、多樂於合作，還有多專業。當他們突破舒適圈提出半成型的想法，而非等到完整到位才說出口，這時才是需要讚美他們的時候。你作為主管（或導師等等），他們需要你的幫助、鞭策他們這麼做，因為他們很久之後，才會了解這麼做的價值。

給他們一些需要發揮創意的工作。逼他們將召開會議的工作交給其他人，他們就不會忙著處理行政瑣事。為他們訂下目標，在下個月每場會議中，他們得分享三個半成型的想法；要求他們每週要有半天的時間離開辦公室，執行延宕多時的創意企劃案；不做任何研究就構思出一項新產品提案；參加一場社交或業界活動。也許你還能請他們為公司的部落格，寫一篇關於如何騰出時間進行創意發想的文章——他們就得先學習要教導他人的事。

簡言之，想幫助實用主義者解鎖創意，必須要求他們負起責任，停止過度依賴既有的強項，這些強項已經帶他們走到今天的位置。他們絕對不會因此失去務實的一面，他們沒有草率或紊亂無章法的基因，也不會浪費一整天構思想法——但如果他們真的這麼做了，對你的團隊而言，不也是件驚人的事嗎？

挑戰者

你在職涯中可能不僅一次遇過挑戰者。他們是樂於挑戰極限的團隊成員，永遠對當下的計畫或方向感到不滿意，以及總是認為自己有更好構想，通常他們也的確是如此，但問題在於執行構想的過程中，常把其他團隊成員搞到抓狂。與實用主義者相反，挑戰者冒太大風險，也沒有斟酌後果，而且與團隊成員溝通時常常失準。記得第四章的雪洛兒嗎？她就是挑戰者最好的實際案例，而我與她歷經的指導過程，就是你能幫助挑戰者成長的模型範例。

如同所有的原型，在挑戰者小時候與權威人物的關係中，就可以找到幫助你辨認挑戰者的蛛絲馬跡。他們的父母親很可能至少有一位全力支持他們投入創意能力，也許鼓勵他們在音樂、藝術領域探索，或甚至在青少年時期，支持他們關在房間用筆電編寫程式碼。也許相較於其他原型，挑戰者作為有創意的人更受到重視，但也像其他原型，他們的強項變成了阻礙。這類原型的人常常分不清界線，像是何時該關掉創意引擎，並給出一個交件期限，何時該收手、認為企劃案夠好了，以及在進行下一步前，深度分析當下工作的結果。

你能幫助挑戰者成長的最佳方法，就是設立清楚的界線。要求他們負起責任，嚴守交件期限、細部溝通以及兌現他們的承諾。同時，過程中記得認可他們在為了改進而做的小事情，尤其是改善與團隊成員的關係。你將幫助挑戰者找到適當的框架，讓他們更有效地發揮創意。他們也會想出如何跟著團隊一同前進的策略，認知到他們是團隊成員之一，而團隊成員彼此的強項能互補，才能幫助挑戰者稍微覺得不孤單。

因為他們從未被要求對細節負起責任，挑戰者可能是所有原型中最難以指導的原型。你必須扮演壞人，也會覺得自己像最糟的冷血官僚，在擠壓他們的創意。但你並不是，倘若你願意幫助挑戰者成長，你所做的是給予他們尚未擁有的力量。一個人的創意能力越強，他們就越是需要界線，以及利於創造力展現的有限範圍。就如同挑戰者在職涯裡常做的，他們會有一段時間又踢又叫、百般不願意，但絕不會忘記你給予的禮物。

保護者

我們都很糾結如何將我們的感受帶入職場，但這樣的掙扎正是保護者的寫照。保護者是極度敏感的人，深受自己的內心世界以及他人的內心世界影響。他們有高度的同理心，也是極佳的團隊成員，他們所到之處通常都陽光普照。不論何時提到保護者，我都會想到維多利亞。二〇〇〇年代早期，我共同創辦了一間潔淨能源公司，維多利亞在公司的法規部門工作。為了執行專案企劃，我們必須向政府申辦許可證，這些年也持續與一群複雜的利益團體（政府單位、輸電規劃委員會、社區團體等等）溝通，而她的角色就是留意這些團體。她讓工作看起來很簡單，穿梭查看各種錯綜複雜的法規，像再熟悉不過的東西。她總是面帶笑容，我也從沒聽過任何人說她的壞話。

維多利亞的挑戰則出現在私生活，這一般來說不關我的事，但她的私生活讓她的情緒大起大落，已經影響到工作。共事一年後事情才浮上檯面，當時狀況變得很煎熬，她經過一系列的談話才跟我坦承，她的哥哥多次進出勒戒所，父母親已經退休了，但父親身體狀況不佳，一切都讓她很煩心，煩心的程度遠超過她願意承受的。

維多利亞的問題不在這些私生活裡發生的事，而是這些事情開始影響到她的工作。一開始是在重要申請文件上出現粗心的錯誤，接著又有突發事件讓她錯過一些法規會議，雖然這些會議並非一定得參加，但確實有幫助。壓倒駱駝的最後一根稻草是她鬧出一場電子郵件的僵局，這封信事關我們其中一項計畫，對象是當地社區深具影響力的地方人士，但坦白說，這位仁兄也是個混蛋。那時我就知道該介入處理了。

維多利亞需要的，也是保護者所需要的，是讓他們能感受情緒的空間。他們需要有人——不一定是他們的主管——讓他們知道縱使家裡正經歷困難，來上班仍是沒有問題的。事實上，對經歷個人困難的人來說，來上班可能是最棒的事，只要這個人能發展邊工作邊應付強烈情緒的技能。保護者小時候與權威人物的關係，值得在這裡稍微談論，不管當初是基於什麼原因，他們現在會選擇壓抑，就是因為他們在家中也是這樣的角色，為了他人而壓抑自己的情緒，為了撫平家庭的紛爭忘了自我。這一方面是維多利亞工作表現出色的原因，但在她到達極限後，這也是開始表現失常的原因。

如果你認為這個人屬於保護者原型，支持他們成長的最佳方式，就是找到讓他們感覺安全的方式，把更多真實的自我帶入工作場域，從你先開始做起。雖然對每個人都是如此，但尤其是保護者：注意到他們這禮拜過得不是很好，並找他們說說話，對他們而言就是很棒的禮物。「你好像發生了很多事，我只是想讓你知道，這都沒關係的，如果你需要任何幫忙，我都在。」你可以在對的時刻，稍微挑戰一下保護者，讓他們在團隊面前更加透明，不是要他們詳述發生了什麼事，只要概述即可。「各位，只是想讓你們知道，我最近在工作之外遇到了一些問題。我哥在禮拜天又進勒戒所了，因此我這禮拜工作可能會有點不上心。也許這不會有太大的影響，但我想讓你們知道一下。」

特別是像維多利亞這樣的人，儘管只是小小地打開心胸，但她將自己脆弱的一面完全呈現，如同我在自己與他人生活中看過多到數不清的經驗，整個團隊都會一起提供協助，那週不只一位同事主動分擔她的工作，或不再將她列入不必要的電子郵件討論群裡。而在我們的單獨會議，我的角色就是替任何可能發生的事都預先挪出空間，有時，她會主動提起一些工作外的事情的約略情況；有時，我知道她不會主動提起，我就會詢問她，確定她知道這沒關係，而工作之外的生活發生困難，不是她需要解決的事情。

一旦維多利亞能夠接受事實：情緒不會在進入辦公室後就消失，工作狀況也就順利多了。她有了發洩窗口訴說發生了什麼事，因此她的情緒不會影響到工作。

在職場上表現出脆弱，並不等同於一直外顯自己的情緒。事實上，這通常代表能夠透明地分享發生在你身上的事情，而非帶著愁雲慘霧卻又假裝什麼事都沒發生。不同之處在於，一是對著團隊成員發飆或整天酸言酸語，而另一種方法則是表明：「各位，我現在因為某些事情覺得很挫折，這都與你們無關，但如果我今天有些許不耐煩，請讓我知道，我才能停下來。」情緒透明相對於情緒表達——述說你的感受，而非直接爆炸出來——是創造健全的團隊與公司文化動能的關鍵，並非不需要情緒，而是不需要戲劇化的狀況。

擁有情緒與保持專業可以並存，兩者是同一回事，這是指導保護者的過程中，必須讓他們體驗到的。當他們能融入豐富的情感世界，不論是痛苦或是所有的情緒，保護者才能成為真正的自己，如此才能從你以及周遭所有人身上得到新禮物。也許這是他們人生中第一次不需要自己承擔所有情緒，你能想像給予團隊成員這樣的禮物嗎？

和平製造者

潔西在我前客戶的公司擔任公關，該公司為西雅圖的土木工程公司，規模雖小但蓬勃成長。她在大型公關公司工作了一陣子後，轉任公司內部的公關職務，主要業務為提高工程公司的曝光率，及增加承攬規模更大、獲利更高的案子的機會。潔西是第四種員工原型的好例子：和平製造者。

雖然我與潔西共事的時間不長，但我與她的主管共事的時間較長，這段期間出現的問題有一致性：她不知道如何說「我不知道」，尤其是主管在附近的時候，更加不知該如何開口。一開始，新進成員都自認為是上天派來的幫手，不論遇到什麼事都能承擔下來，並且處理得當。但隨著時間越久，缺陷也逐漸顯現，潔西雖把事情擔下來了，但並沒有著手處理，不是因為她不想處理，而是因為她缺乏該項任務需要的技能或是背景知識。她沒有自信說：「是的，我很願意，但是，有個問題。雖然這麼說有點丟人，因為我做過很多跟工程合約有關的工作，也知道這是你雇用我的原因，但我之前從沒有實際協調過這種類型的工程合約，而我也不了解其中的眉角。這是我第一次進行這樣的工程合約，我能不能請你多給我一些協助？」為了避免可能發生的衝突與困窘，潔西只好假裝知道，實際上卻不了解，她覺得自己的價值在於找到正確答案，而不是提出對的問題。

如同字面上的意義，和平製造者比起其他原型的人，小時候與權威人物的關係特徵會更暴力與更有侵略性，這些特色呼應了他們這些年來發展出的工作風格。不論原因是什麼，他們精通如何安然挺過衝突的藝術，不會有更進一步的謾罵或傷害，能夠平安渡過職場上的風暴。這是很值得稱讚的強項，但過度倚賴這個強項也有所代價。

從主管的觀點來看，團隊裡有和平製造者帶來的挑戰是，主管很難知道他們的立場，這也同樣讓團隊成員抓不著頭緒，也因為和平製造者的想法太難讀了，他人會擔心冒犯到和平製造者，或做事得小心翼翼。為了跟上工作步調，人們開始避免與和平製造者一起工作，因為他們不信任和平製造者遇到不懂的事時，會進一步提出問題。

即使這絕不是和平製造者的本意，但他們會引起主管與同事的質疑與不確定感，不是因為他們不思考、工作不努力或是沒有創意，而是他們模糊不清、難以了解的特質，削弱他人對他們的信任，這點和平製造者常常不自知。諷刺的是，和平製造者可能是五種原型中最難幫助的人。因為「和平」——對某些人來說，這詞彙表面上聽起來很棒——這個目標對於蓬勃成長的組織來說卻是個致命傷。平靜與整體秩序是一回事，但和平代表沒有分歧衝突，一個組織裡沒有分歧衝突是非常不好的事。

幫助和平製造者成長的最佳方式，就是儘可能溫和地與他們展開處事模式的談話。請你找找看讓和平製造者感到挫折、煩躁的微小事物，並聚焦在這些事情上，讓和平製造者有機會了解，感覺挫折、煩躁是被允許的，更重要的是讓和平製造者知道，向他人表達他們的行為如何影響了自己，也是可以被接受的。慢慢來，一步步向他們解釋，你當初與他人進行棘手對話的過程，之後讓他們和你匯報，給他們空間與他人暢談，並讓他們了解健康的衝突創造的是親近感與連結，幫忙解開使他們退縮不前的心結。

你能給和平製造者一項練習——當他們準備好了，而且你們也談過一陣子之後——讓他們列出造成挫折的事情，並且與團隊成員分享。和平製造者對於不對勁的事情常有第六感，如果你能讓他們說出問題所在，對大家都有益處。可以問他們：「請列出工作上前十件你不喜歡的事情、我們對客戶做得不夠好的事情、我們作為領導團隊卻錯過的大好機會？」他們需要鼓勵，但私底下他們會很喜愛這項練習以及能夠嘗試從未試過的事情。

表現者

五種原型的最後一種是表現者。表現者是團隊成員裡專精於某項技能的人，可能是技術性的技能，例如擅長某種程式語言，或是與人際關係相關的技能，或者深知如何以貼近對方心思的方式，與失望的客戶溝通。不論他們的特殊專長為何，表現者靠著磨練與精進該技能，才能爬上目前在職場上的地位。他們對細節的專注很是被雇主看重，此特點在表現者的職涯中，不僅幫助他們得到並保有工作，還讓公司營運順暢。

表現者面對的挑戰在於現代職場不斷變動的特性。在現今的辦公室裡，不論你有什麼技能，都必須因應不斷進步的科技，以及客戶全然不同的期待與體驗，若無法與時並進，表現者就會陷落擇善固執的風險。承受壓力的表現者會埋頭加強磨練既有的技能，而不是打開心胸接受新體驗與知識，弔詭的是，表現者最大的挑戰在於不被自己的技能阻礙，持續地活用頭腦、不斷進化。

幫助表現者變得更有彈性與適應性，將對他們造成巨大的個人影響。這讓我想到一位男性員工，他在我的團隊裡好多年了，正好符合表現者原型。他透過工作上的進化，重獲遺失數十年前的冒險感受。當你和表現者一樣專精於特定技能，你很容易會覺得沒有歸屬感，或是感覺他人無法欣賞你獨特的天賦。若有個經理人或導師能懂你認知的世界，將對你的人生帶來改變。

如同其他原型，小時候與權威人物的關係在表現者的行為模式裡，扮演著舉足輕重的角色。他們的人生楷模可能是父母或其中一人，這楷模也許也專精於某特定技能，而這技能讓他們得以在職場出類拔萃、養家活口。這些正面訊息還有另一面的意義：不屬於「一技之長」的工作價值較低。

小時候的權威人物替表現者對於職場人際層面的感知戴上了有色眼鏡——尤其是與隊友的合作，以及公司部門之間的資源分配該如何彼此妥協。表現者會把這些事情當作政治角力與官僚，阻礙了他們發展一技之長，而非建立良好團隊與緊密的專業人際關係的必經過程。

幫助表現者的最佳方式，就是讓他們看見與團隊保持距離所付出的個人代價。和平製造者與保護者普遍過度在意他人的內心世界，而表現者則是不怎麼考慮他人的感受，緩和地鼓勵表現者去參與共同合作的案子，或者主持團隊會議，讓他們走出孤僻的傾向，走入與他人一同工作的喜悅裡。讓他們提出想法，想法執行的技術層面就交給其他人，這麼一來，你可能就找到一位正在成形的經理人：表現者若能挪出空間讓他人發揮，可以成為傑出的團隊領導人或是高階主管。

本書提到的所有工具與想法——包括五種員工原型——請在接下來的日子做些試驗，也與團隊成員談一談這些工具與想法，不要當作秘密藏起來。如果你的團隊成員符合其中一種原型特徵，為什麼不與他們分享並聽聽他們的想法呢？也許有另一種原型才更符合，或者因此開啟另一段完全不同的談話，以這些方式開啟談話，你能避免人格測驗與評估導致的「被歸類」與「被評斷」等多餘感受。人們對自我成長感興趣的程度，會讓你大吃一驚，我在職涯中不只一次遇到我以為對此並不感到興趣的人，但讓他們無後顧之憂地談話之後，我發現他們對自我成長很有洞見。

最後叮嚀。雖然五種員工原型與三種領導者原型能促成重要的自我發現，但你的職責是專注在與工作相關的發現。簡言之：你的工作不是詢問員工過去的經歷，或為什麼對方會以此方式與權威人士互動，你只要讓對方覺得有一絲被迫分享，都是越界的行為。而領導者與經理人過度分享工作以外的經歷與挑戰，也是越界的行為，這會讓人對於領導角色表現脆弱以及願意分享，產生嚴重誤解。你要以身作則誠實表達心中的想法，並有意識地選擇並分享適切的內容，這也是另一種確保你不會占去太多空間的方式，把空間留給團隊中的每個人去挑戰、成長以及逐夢。

底線就是：保持一切都與工作相關，自然水到渠成。你發現員工的個人掙扎是如何影響目標與指標的？進行對話時要越具體越好，這不會讓你的意見冰冷、不近人情，引用人們可以產生共鳴的真實例子，能讓你的意見更有根據基礎。他們的行為如何造成別人工作上的困難？又如何讓客戶感到失望或需要你的介入？更不用說因為你需要介入，因而犧牲了原本手頭上的工作。最後，他們的擇善固執如何讓自己離升遷機會越來越遠？

投資在每一個人的個人成長過程，你會創造出世上罕見卻美好的事物：努力追求個人利益，但又能熱情地追求共同目標的團隊。去了解團隊中的每位成員，並讓成員們了解你，你就能創造出如此的團隊。你有能力幫助團隊成員，光是在你的公司上班，就更接近達成個人夢想。

接下來，任務簡單但不容易。將你和員工的焦點放在找出根本原因，而不是在代辦事項清單上打勾。要求員工為個人行為負責，不要讓他們找藉口或怪罪系統，讓員工了解為工作負責與為生活負責，根本就是同一件事。

第十四章 掌握人生

因為事情如此，所以事情不會總是如此。

——德國劇作家 貝托爾特・布萊希特（Bertolt Brecht）

我們生活在一個有趣的時代，雖然我們不是第一個世代有如此感受，但是我們處在一個關鍵時刻。這和無止境的戰爭沒有關係，儘管不幸的戰爭總是存在著，也無關科技或社群媒體，儘管我們必須多做些什麼，來釐清如何在更具備人性的情況下運用這工具；雖然我很熱衷於氣候變遷的議題，但這也絕對不是關鍵所在，而是這所有一切的匯流，這些阻擋不了的力量全部聚集在一起，展示在我們的眼前，任何腦袋清楚的人都無法忽視，我們也都必須為自己所做的選擇負起責任。

我們必須自我檢視，停止自我毀滅的行為模式，而且不這麼做的後果已經攤在我們眼前了。你可以為此感到挫折並陷入絕望，又或者，你能將其視為一份最大的禮物與挑戰——我們要如何適應這個步調急遽加速，連結更為緊密的世界，同時又減少在地球留下的足跡？這項挑戰需要我們盡最大的努力，越多人盡快參與越好。但這也將我們帶進了自相矛盾的狀態。

這個矛盾可以用一個詞體現：改變。雖然這個詞貫穿全書，但我們卻還沒特別去談論到這個詞。該詞是眾多難處理的詞彙之一，我們常以為大家對這些詞彙的定義一致，但卻並非如此。儘管知道事實並非如此，但我們大多數的人仍然頑固地堅守著對「改變」的感覺，那就是我們希望「改變」可以快點發生，但它不會——我們在書中談論到的個人改變不會很快就發生。然而，希望改變快點發生並非問題的所在，真正的問題在於**為什麼**我們希望改變能趕快發生。我們把改變當作必須到達的終點，才能實現更好的自己。但事實上，改變是持續的過程，期間我們學習如何與之共舞，隨著時間推演，才能使我們變得更好。改變不是我們的最終去處，而是要內化成我們的存在。

當我們真的做到改變，通常會有種奇怪的感覺，「就這樣？改變之後就是這樣嗎？那是因為在那當下，我們克服了對改變的抗拒，我們所做的改變通常不是什麼大不了或很困難的事，最困難的部分是願意放下過去，尤其是在我們自以為已經將過去放下的時候。改變不會令人感到難受，對於改變的看法才會讓人感到不安。改變就定義上本就是讓我們感到陌生，讓我們感到不踏實和不確定，更讓我們失去對事物既有掌控。儘管我們緊抓著確定感和熟悉感，改變帶來了人生中最困難，但也最有收穫的機會：也就是學習在未知的情況下處之泰然。

但我們終其一生反其道而行，認為自己擁有答案或需要答案，知道自己應走向何處，或者確切需要多長時間才能抵達，把握任何機會奮力留給自己一點確定感。這讓諷刺意味更加濃厚，因為當我們在森林漫步，或在週末早晨趁著孩子還在熟睡時靜靜坐著喝杯咖啡，找到一點點未知世界的適意時，發生了什麼呢？我們鬆一口氣，我們放鬆了，我們心照不宣地微笑，對，的確一直以來都是如此。那就是我們，那就是人生，我們都是史上最難懂的故事中的一角，而且這個故事還沒寫完。

當我們讓自己沒有答案，我們會因為坦承而感覺更像自己，也因為沒有答案，我們敞開雙手接納所有創意和創新的資源，能夠越自然坦承地面對未知，而不是假裝一切都在我們的掌握之中，就能夠從中得到越多，情況也會變得越好。

我們不僅得到更多啟發、變得更有生產力，也更能活出自己。只有到了這個時候，我們每個人內在的領導特質，才會自然而然地浮現，沒有太多的壓迫或恐懼，能好好表達你的想法，好好感受你感覺到的，好好去做你認為該做的事。

不論你是上週剛畢業，還是已經當了二十五年跨國企業的執行長，這正是你每天去上班都要做的抉擇，就是現在，你能選擇質疑而非必然，並將恐懼當作敞開心胸的提醒，而非故步自封的理由。

我希望這本書的新想法能對你有所啟發，並激勵你在你的領域裡成為一個優秀的領導權威，不論你領導的是三人小組，還是萬人之上的執行長，亦或是一歲小孩的家長。真正的領導才能是雙向的：藉由幫助別人做自己，你也變得有自我了，你要進入他們的世界推他們一把，並且讓他們知道，就算失敗，你也會在他們身邊，但不是要安慰他們別沮喪，而是要幫助他們釐清失敗的原因，穩定下來並再次出發。當他們做好準備放手一搏，並且意識到自己一直以來都擁有這個能力，你就能夠喘口氣和他們一起慶祝。

慶祝過後，到辦公室走廊走走……環顧一下四周的人……並且重新來過。

後記

「工作與生活之間的平衡」這概念老讓我感到困擾。這可以回溯到一九九四年與我的父母親的一通電話，當時我大學快畢業了，向父母發誓絕對不會找一個朝九晚五的工作，往後二十年左右，我都沒能信守承諾。然而，「工作與生活之間的平衡」還是困擾著我，我沒辦法全然接受隱含其中的順從感，或許那順從感就藏在這句話的「與」字。一直以來，我所希望的人生是工作和生活結合為一，而不是兩件事情。你都讀到後記了，我相信你也和我有一樣的感覺。

我稱不上是個工作狂，每天下午我都會午睡，只要有機會，我就會帶著衝浪板，衝進溫暖的海洋，望著在水中漂流的海龜。我並不認為我們應該為工作而活，但是「為生活工作」也同樣不吸引人，我們大家都想要的，其實介於兩者之中。這很難解釋，但一旦我們找到了就絕對不會弄錯，就是那些我們沈浸在熱情中的時刻，一晃眼就過了好幾個小時，而那當下我們所做的事，能讓我們感覺離真正的自己更近了。

過去二十年的歲月裡，在許多方面，甚至算得上是我這一輩子，都在努力嘗試找到屬於自己的中介點，一路走來有許多坎坷，我也花了很長的時間才接受，那些坎坷是通往人生意義的過路費。而忠於自我價值要下的功夫，比聽起來要難多了。

我的所知所學就是認識自己。我犯下的所有錯誤造就了現在的我，我最大的成就和喜悅也造就了我，一路走來，我的身邊有許多的導師，有些嗓門很大，有些則沉默寡言，有些甚至連我的名字都不曉得。因為有他們，今天我才能在這裡，寫書告訴你們什麼是最高領導力，而最高領導力能如何幫助你們達成夢想，因為它（他們）已經幫助我完成夢想了。

我最希望的是書中的這些想法，有助於促成一個能實現承諾新對話，什麼承諾呢？我二〇一六年寫下這段話時，人們意識到職場可以是快樂和人際關係的來源，而工作帶給人們的意義能遠遠勝過當下。只要團結在一起，我們就可以創造新的標準，體現在對生活、工作、家裡面及其他各個層面的權威所抱持的期待。最後，致天涯海角中任何面對面坐著，準備解開心中疑慮的兩個人，我希望這本書能幫助你們談得稍微輕鬆些。

若有任何我能協助你的地方，請不吝告知。

致謝

第一次當作者，我原先並不曉得寫書，並將它公諸於世的過程是如此親密的經驗，又一一點名幫助我給予這本書生命的人，是多麼重要。感謝我的妻子阿蕾克絲（Aleks）的無限包容；我的女兒莉薇雅（Livia），每次的微笑都讓我覺得世界變得更美好；我的發行人羅希特・巴爾加瓦（Rohit Bhargava），願意給菜鳥作者一次機會；我的編輯馬修・夏普（Matthew Sharpe），從初稿就一直給這本書信心，並且熱心地指引我的每一步；我的朋友瑞克・史奈德（Rick Snyder）與蒂芬妮・拉赫（Tiffany Lach），在初稿前期提供了寶貴的意見；我的父母史帝夫（Steve）與貝絲（Beth），謝謝你們包容與寬恕。以及最後也是最重要的，感謝我的朋友班內迪特・吉瓦（Bernadette Jiwa），三年來一直要求我對自己負起責任，但只用一個簡單的問題：「強納森，你打算什麼時候開始寫書呢？」

國家圖書館出版品預行編目（CIP）資料

最高領導力 : 讓員工把最好的自己帶入工作中 / 強納森 . 雷蒙德 (Jonathan Raymond) 著 ; 倪志昇譯 . -- 二版 . -- 臺北市 : 日出出版 : 大雁文化事業股份有限公司發行 , 2023.11
240 面 ; 14.8*20.9 公分
譯自 : Good authority : how to become the leader your team is waiting for.
ISBN 978-626-7382-09-7(平裝)

1.CST: 領導者 2.CST: 組織管理 3.CST: 職場成功法

494.2 112017054

最高領導力(二版)
讓員工把最好的自己帶入工作中

Good Authority: How to Become the Leader Your Team Is Waiting For

作　　者　強納森・雷蒙德 Jonathan Raymond
譯　　者　倪志昇
責任編輯　李明瑾
協力編輯　楊堯茹
封面設計　萬勝安
發 行 人　蘇拾平
總 編 輯　蘇拾平
副總編輯　王辰元
資深主編　夏于翔
主　　編　李明瑾
行　　銷　廖倚萱
業　　務　王綬晨、邱紹溢、劉文雅
出　　版　日出出版
發　　行　大雁出版基地
新北市新店區北新路三段207-3號5樓
電話：(02)8913-1005　傳真：(02)8913-1056
劃撥帳號：19983379 戶名：大雁文化事業股份有限公司
二版一刷　2023年11月
定　　價　430元

I S B N　978-626-7382-09-7